浙江野生动植物自然观察丛书

天目山灯下昆虫实习手册

主 编 余晓霞 庞春梅 徐爱春
副主编 吴晗星 赵明水 祁祥斌 郭陶然 杨淑贞

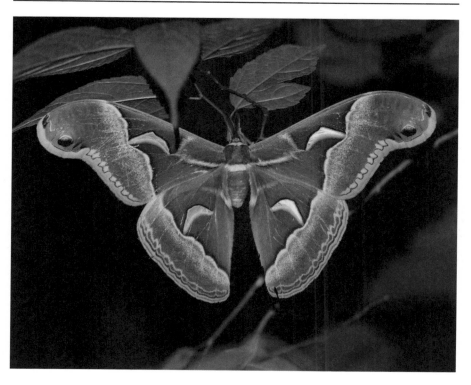

上海交通大学 出版社
SHANGHAI JIAO TONG UNIVERSITY PRESS

内容提要

本书是以培养学生的专业素养、提高学生的野外实践能力为目的,结合编者20余年昆虫野外实习指导工作经验编撰而成的。本书详细介绍了灯下昆虫标本采集、制作、鉴定和多样性分析的方法,记述了天目山常见灯下昆虫14目53科257种,同时提供了天目山常见灯下昆虫彩色图谱。

本书可供大中专院校及相关科研部门开展昆虫学、生态学、农学及动物学综合实习等实践课程使用,同时可供从事生物多样性调查与研究、植物保护和自然教育等工作的人员参考。

图书在版编目(CIP)数据

天目山灯下昆虫实习手册 / 余晓霞,庞春梅,徐爱春主编. —上海:上海交通大学出版社,2024.4
(浙江野生动植物自然观察丛书)
ISBN 978-7-313-29718-1

Ⅰ.①天… Ⅱ.①余… ②庞… ③徐… Ⅲ.①天目山
-昆虫-手册 Ⅳ.①Q968.225.53-64

中国国家版本馆CIP数据核字(2023)第251603号

天目山灯下昆虫实习手册
TIANMUSHAN DENG XIA KUNCHONG SHIXI SHOUCE

主　　编:余晓霞　庞春梅　徐爱春

出版发行:上海交通大学出版社　　　　地　　址:上海市番禺路951号
邮政编码:200030　　　　　　　　　　电　　话:021-64071208
印　　制:上海文浩包装科技有限公司　经　　销:全国新华书店
开　　本:710mm×1000mm　1/16　　印　　张:16.5
字　　数:250千字
版　　次:2024年4月第1版　　　　　　印　　次:2024年4月第1次印刷
书　　号:ISBN 978-7-313-29718-1
定　　价:99.00元

本书图片拍摄

刘　玮　　魏羚峰　　邱　鹭

祁祥斌　　刘土芬　　高一杰

杨淑贞　　徐爱春　　余晓霞

浙江天目山国家级自然保护区地处浙江省西北部杭州市临安区境内的西天目山，位于东经119°23′47″～119°28′27″，北纬30°18′30″～30°24′55″，总面积为4 284 hm²，是我国首批建立的国家级自然保护区之一，并于1996年加入联合国教科文组织国际生物圈保护区网络，属中型野生植物类型自然保护区。保护区内植被繁杂，生物资源丰富，昆虫种类复杂而多样，是不可多得的"物种基因宝库"，也是昆虫考察和研究的理想场所。近百年来，天目山以其特有的生物资源魅力吸引着国内外众多昆虫学家前来考察、研究。20世纪50年代之后，被誉为"天然实验室"和"活体标本馆"的天目山国家级自然保护区逐渐成为浙、沪、苏、皖等地众多高校生物学和昆虫学教学实习的聚集地。目前全国有60余家大专院校或科研院所选择在此进行野外实习教学。

随着生物多样性的重要性不断得到普及，人们对于物种资源的关注度和研究热度也持续攀升，其中也包括最大的动物类群——昆虫纲。除了高等院校生物学、动物学、昆虫学、生态学等相关课程的实践教学需求外，越来越多的昆虫爱好者也自发地参与到探秘昆虫的实践活动中来。

灯下昆虫实习是各高等院校实践教学的重要内容之一。因为夜间作业的特殊性，灯下昆虫实习与日间的昆虫实习无论是场地选择、采集工具种类，还是实习的要求、注意事项等各方面都存在很大区别。然而，目前市面上已出版的昆虫实习指导书多聚焦于日间的教学实习，少有提及灯下昆虫实习的内容，或者是寥寥数语，简单带过。因而，本书的编写旨在满足灯下昆虫实习教学的需要，更好地为学生提供灯下昆虫实习指导。同时，也可供昆虫爱好者、自然教育者学习和参考。

本书介绍了天目山常见灯下昆虫的识别、采集、鉴定、制作和多样性分析的方法，为了使读者对天目山常见灯下昆虫有更直观的认识，还提供了相应的昆虫彩色图片。

本书的编撰与出版得到了中国计量大学、浙江天目山国家级自然保护区管理局、城市荒野工作室的大力支持，在此一并致谢！

由于编者水平有限，本书难免存在疏漏之处，敬请各位专家学者批评指正。因拍摄条件限制，个别物种未能拍到高清图片，深感遗憾。

第三章　灯下昆虫的采集、标本制作与保存

第四章   天目山常见灯下昆虫

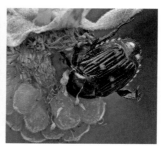

第五章　灯下昆虫专题研究

天目山国家级自然保护区概况

浙江天目山国家级自然保护区（以下简称"天目山保护区"）成立于1986年，是全国首批成立的20个国家级自然保护区之一。1996年，天目山保护区加入联合国教科文组织国际生物圈保护区网络。根据《自然保护区类型与级别划分原则》（GB/T 14529—1993），天目山保护区属中型野生植物类型自然保护区。保护区植物温带、亚热带和东亚区系成分特征显著，拥有典型的完好的中亚热带森林生态系统。保护区保护对象主要是典型中亚热带湿润性常绿阔叶林，森林生态系统及相应的生物群落、珍稀野生动植物资源和独特的自然景观。天目山保护区是理想的昆虫野外实习场所。

第一节　保护区自然概况

天目山保护区地处浙江省西北部杭州市临安区境内的西天目山。其东部、南部与临安区西天目乡毗邻，西部与临安区千洪乡和安徽省宁国市接壤，北部与浙江安吉县境内的安吉小鲵国家级自然保护区交界，总面积为4 284 hm²。主峰仙人顶海拔为1 506 m，为浙江西北部主要高峰之一。

西天目山的主峰仙人顶与东天目山的主峰大仙顶的峰巅各有一池，池水长年不枯。两池遥相呼应，宛若巨目仰望苍天，故得"天目山"之名。天目山亦为历代宗教名山，自汉代以来，僧侣们相继在此择地建寺。由于历代僧侣的巡山护林，有效地保护了天目山原生森林植被。其间，因遭受战火袭扰，山麓部分森林曾遭到破坏。新中国成立后，在政府和当地人数十年的努力下，山麓植被逐渐恢复。

一、气候

天目山保护区属亚热带季风气候区，具有中亚热带向北亚热带过渡的特征，并受海洋暖湿气候的影响较深，形成了季风强盛、四季分明、气候温和、雨水充沛、光照适宜、复杂多变的森林生态气候。根据多年观测资料分析，保护区自山麓至山顶，年平均气温为8.1～19.1 ℃；最冷月平均气温为−2.6～3.4 ℃；极端最低气温为−20.6 ℃（1958年）；最热月平均气温为19.9～28.1 ℃，极端最高气温为34.4 ℃（2008年7月）；≥10 ℃有效积温为2 529～5 085 ℃；无霜期为194～284天；年雨日为156～196天；年雾日为27.1～255.3天；年降雪日数为84.0～151.7天；年降水量为1 200～2 000 mm；年太阳辐射为3 770～4 500 MJ/m；相对湿度为76%～82%。按气温指标衡量，春秋季较短，冬夏季偏长。

二、地质地貌

天目山保护区的大地构造位置处在江山—绍兴深断裂西北侧，所处的一至三级大地构造单元依次为扬子准地台、钱塘台褶带、安吉—长兴褶皱带。

保护区的地质建造以中生代早白垩世早期大规模的陆相火山爆发、岩浆喷溢及后期的岩浆侵入为主。早白垩世早期，保护区范围内发生了一次强度较大的火山作用，初期为规模较大的火山爆发，形成厚度超过900 m的酸性、中酸性熔结凝灰岩类，在火山爆发间隙形成了沉凝灰岩和凝灰质砂砾岩；之后为大规模的岩浆喷溢，形成厚度大于1 400 m的流纹岩、流纹斑岩；在火山作用后期，形成超浅成的次火山岩。

早白垩世晚期以后，区内地壳运动以间歇性抬升为主，并存在明显的抬升幅度的地域差异。挽近期的新构造运动和外力地质作用形成了地形陡峭的中山、夷平面、崩塌、阶地等地貌。

天目山保护区及周边地区出露的地层主要是寒武纪、奥陶纪形成的海相沉积岩和早白垩世形成的陆相火山岩。

三、植被

天目山保护区植物资源十分丰富。因区内地势较为陡峭，海拔上升快，气候差异大，植被的分布呈现明显的垂直界限。根据天目山植物群落的种类组成、外貌结构和生态地理分布，区内森林植被类型可分为7个植被型、22个群系组、50个群系。7个植被型分别为常绿针叶林、落叶针阔叶混交林、常绿针阔叶混交林、常绿阔叶林、常绿落叶阔叶混交林、落叶阔叶林和竹林。

（一）常绿针叶林

常绿针叶林可以分为3个群系组，分别是杉木暖性常绿针叶林、柳杉暖性常绿针叶林和黄山松温性常绿针叶林。

（二）落叶针阔叶混交林

落叶针阔叶混交林仅有1个群系组，即金钱松类温性针阔叶混交林。乔木层的优势种是金钱松和银杏，伴生的物种有灯台树、青钱柳、黄山松、檫木等。灌木层优势种是水竹、白檀，伴生的有日本紫珠、海州常山、中国绣球、荚蒾等常见种，也有天目槭、天目木兰等天目山特色物种。草本层主要物种有牛膝、金线草、冷水花属、箬姑草等，伴生的有求米草、微毛血见愁、紫花堇菜、奇蒿等。层间植物丰富，有大芽南蛇藤、鸡屎藤、大血藤等。

（三）常绿针阔叶混交林

常绿针阔叶混交林可以分为4个群系组，分别是柳杉暖性针阔叶混交林、槠树类林、杉木暖性针阔叶混交林、马尾松暖性针阔叶混交林。其中柳杉暖性针阔叶混交林分布面积较大，是天目山特色类林地，槠树类林的分布面积很小。

（四）常绿阔叶林

常绿阔叶林仅有1个群系组，即润楠楠木类林，主要分布在低海拔地区。

（五）常绿落叶阔叶混交林

常绿落叶阔叶混交林是天目山的主要植被，主要分布于海拔450～1 100 m的地段上。植物种类丰富，群落结构复杂多样，呈现复层林，可以分为5个群系组，分别是润楠楠木类常绿落叶阔叶混交林、漆树类常绿落叶阔叶混交林、石栎类常绿落叶阔叶混交林、枫香类常绿落叶阔叶混交林和交让木常绿落叶阔叶混交林。

（六）落叶阔叶林

落叶阔叶林可以分为7个群系组，分别是银杏落叶阔叶林、栎类落叶阔叶林、雷公鹅耳枥类落叶阔叶林、水青冈类落叶阔叶林、小叶白辛树落叶阔叶林、青钱柳落叶阔叶林、毛山荆子落叶林。天目山的落叶阔叶林主要分布在高海拔地带，为天目山的高海拔植被类型。落叶阔叶林主要分布在海拔为950～1 380 m的地段，低海拔地区以银杏、麻栎为主的落叶阔叶林也不少见。

（七）竹林

竹林仅有1个群系组，即刚竹类林，包括毛竹林和高节竹林2个群系。多为人工纯林，主要分布于海拔为350～900 m的地段，与阔叶林混生。

四、动物资源

天目山保护区的动物资源十分丰富。保护区在中国动物地理区划上，属于东洋界中印亚界华中区的东部丘陵平原亚区，在浙江动物地理区划上，属浙西丘陵山地区。由于地理位置特殊，自然环境优越，加上长期以来当地人的爱林护林传统，为野生动物和昆虫生存及栖息创造了良好的条件。

据不完全统计，目前区内共有各种动物7 173种，被列为国家重点保护的动物有74种，其中国家一级重点保护野生动物有华南梅花鹿、黑麂、穿山甲、豹、大灵猫、小灵猫、云豹、金猫、白颈长尾雉、黄胸鹀、豺、安吉小鲵12种；国家二级重点保护野生动物有猕猴、黄喉貂、水獭、中华鬣羚、狼、貉、赤狐、豹猫、毛冠鹿、中华斑羚、鸳鸯、凤头鹰、赤腹鹰、苍鹰、雀鹰、松雀鹰、白腹鹞、普通鵟、林雕、灰脸鵟鹰、蛇雕、鹰雕、白腹隼雕、黑冠鹃隼、黑鸢、凤头蜂鹰、红隼、灰背隼、燕隼、勺鸡、白鹇、褐翅鸦鹃、小鸦鹃、东方草鸮、褐林鸮、鹰鸮、斑头鸺鹠、领鸺鹠、雕鸮、红角鸮、领角鸮、北领角鸮、仙八色鸫、短尾鸦雀、红嘴相思鸟、画眉、棕噪鹛、白喉林鹟、蓝鹀、中国瘰螈、中华虎凤蝶、扭尾曦春蜓、拉步甲、硕步甲、阳彩臂金龟、黑紫蛱蝶等62种。

此外，天目山保护区作为一个植被茂盛、资源富足、自然生态相对稳定的自然保护区，蕴藏着极其丰富的昆虫资源，是世界著名的模式标本产地之一。据不完全统计，天目山是700余种昆虫的模式产地。因此，天目山是昆虫研究的重要基地，也是大专院校师生教学实习的理想场所。

第二节　昆虫资源与区系特征

据《天目山昆虫》记载，天目山昆虫资源丰富、区系组成特点明显。

一、区系成分

天目山昆虫可划分为4种区系成分。

（一）东洋成分

东洋成分为典型的东洋区分布种，包括：我国南部省区分布，特别以西南、华中区南部及华南区分布的种；国外向南向西分布于印度半岛、中南半岛、马来半岛、斯里兰卡、菲律宾群岛以及印度尼西亚等亚热带、热带地区的种。

（二）古北成分

古北成分为我国秦岭以北分布种，特别是东北、华北北部、西北地区分布的种，并向国外分布于中亚、西亚、北亚、西伯利亚、欧洲大陆、非洲北部及北美洲等地区的种。

（三）广布成分

广布区分布种为横跨古北、东洋两大区，甚至多区或全球性分布的种。

（四）东亚成分

东亚区成分为亚洲东部地区（包括中国东部、南部，朝鲜和日本）分布的种。根据其分布范围的大小，又分为3种情况。

（1）天目山区分布：仅分布于天目山脉范围。

（2）中国分布：仅限于中国分布，尚无国外分布记录的种类。

（3）中国-日本分布：指中国分布，并扩及朝鲜、日本的种类。

天目山的东洋成分占15.2%，古北成分占5.4%，广布成分占18.3%，东亚成分占61.1%。在东亚成分中，天目山区分布占20.8%，中国分布占55.7%，中国-日本分布占23.5%。东洋成分与古北成分相比较，东洋成分占明显优势。

二、分布特征

（一）东亚成分为主体

东亚成分构成中国昆虫区系的核心，也是天目山昆虫区系的主体。

（二）昆虫模式标本丰富

初步统计，以天目山为模式产地发表的新种有753种。可见其昆虫区系具有明显的独特性，是名副其实的世界著名昆虫模式产地。

（三）区系成分古老独特

天目山昆虫的东亚成分高达61.1%，其中中国分布成分又占55.7%；且仅分布于天目山的种类占全部已知种的比例高达12.7%，特有成分比例较高的类群多为低等昆虫，如啮虫目（71.2%）、襀翅目（57.8%）、毛翅目（44.0%）、等翅目（35.7%）和长翅目（33.3%）等。这也说明了天目山昆虫的独特性与古老性。

在天目山分布的昆虫类群中，已有记述的较原始的昆虫类群数量显著。如原尾目的物种数量占我国已知种的16.5%；已知毛翅目角石蛾科中最原始的类群角石蛾属*Stenopsyche*物种有2种。一些在昆虫分类学上地位较特殊的类群在天目山也有分布。例如：分布区域性很强的脉翅目泽蛉科，全世界仅知3属12种，而天目山就发现1种，即天目汉泽蛉 *N. tianmushon* Yang *et* Gao。这些昆虫的分布也说明了天目山昆虫的古老性。

（四）垂直分布较明显

天目山地处长江中下游平原南端，山体高耸，相对高度为1 200 m。植被分布及温度、水分等均呈一定的垂直梯度变化，因而昆虫的垂直分布也较为明显。

三、区系关系

（一）与国内各省区之间的昆虫区系相似性比较

天目山地史古老，又是我国东部沿海自华北平原向南至长江中下游平原之后的第1座高大山体，独特的历史和自然条件，使这里具有明显的昆虫分布界线现象。

通过对天目山昆虫与我国各省区昆虫共有种的比较研究，结果表明：除浙江省外，天目山昆虫共有种百分比较高的省区是福建（42.8%）、四川（38.8%）、云南（29.9%）、江西（28.0%）、广东（27.6%）、台湾（27.3%）、江苏（25.9%）、湖北（25.6%）和湖南（25.6%）。百分比较低的省区是青海（3.3%）、宁夏（4.2%）、新疆（4.3%）和内蒙古（7.3%）。显示天目山昆虫与南部邻近地区关系较紧密，尤以与西部、南部的关系密切，而与北方的联系较少，特别是与西北干旱区系的联系极少。

（二）与邻近国家之间的昆虫区系相似性比较

对天目山昆虫与邻近国家昆虫区系相似性分析可知，天目山昆虫与日本、朝鲜昆虫区系联系最紧密，与日本共有种比例为32.2%，与朝鲜共有种比例也达16.7%，这与地史变迁有关。天目山昆虫与印度的共有种比例达19.0%，说明天目山昆虫与印度有着较紧密的渊源关系。而与蒙古国的共有种比例仅0.3%，与俄罗斯的共有种比例为10.5%，说明天目山昆虫与北方高寒干旱区域的联系较少。

　　天目山昆虫采集考察活动已有100多年历史。20世纪30—40年代，众多国外学者相继到天目山进行采集。我国早期昆虫学家留学回国后，也纷纷到天目山考察，并发表了大批相关论文。这些考察活动为天目山闻名世界奠定了基础。20世纪50年代之后，天目山成为浙、沪、苏、皖等地区多所高校的昆虫学教学实习场所。众多昆虫学家来天目山考察，并发表大量新属种，进一步确立了天目山昆虫资源方面的国际地位。

　　天目山昆虫区系以东亚成分为主体，具有很高的特有性和古老性，且种类丰富，垂直分布较明显。天目山昆虫与我国南部邻近地区的关系较紧密，与日本、朝鲜和印度的区系相似程度较高。同时，天目山是世界级的昆虫模式标本产地。在仅 4 284 hm^2 的狭小区域里，拥有700余种昆虫的模式标本，在全世界范围内也不多见。

　　近百年来，天目山以其特有的生物资源魅力吸引着国内外众多昆虫学家前来考察、研究，这充分说明了天目山是昆虫采集、考察的胜地，是难得的科研和教学实习基地。

灯下昆虫实习概要

昆虫是动物界最大的一个类群，无论是个体数量、物种数量还是基因数。它们是动物界十分重要的组成部分，对生态系统的平衡和生物多样性的保护都起着十分重要的作用。在我们的生活和生产中，昆虫同样扮演着重要的角色：有为植物传粉的媒介昆虫，如蜜蜂；有作为药材入药的药用昆虫，如土鳖虫；有营养美味的食用昆虫和昆虫产物，比如蝉蛹和蜂蜜；当然还有危害农林作物的农业害虫、传播疾病的病媒害虫和危害性严重的检疫性害虫等。可以说，昆虫与人类的关系既密切又复杂。因此，我们只有通过不断学习，充分了解昆虫的特点和习性，才能更好地利用昆虫资源，消除害虫带来的危害。

作为昆虫类群的重要组成部分，灯下昆虫因其夜出的习性而显得格外神秘。认识和了解它们对于学习和研究昆虫、研究昆虫生物多样性同样有着重要的意义。

第一节　实习目的和要求

昆虫学是一门实践性非常强的课程，野外实习是昆虫学教学中的一个重要环节，也是学生们进一步掌握和强化理论知识的重要手段。

一、实习目的

（1）通过实习使学生巩固和加深课堂教学内容，系统地学习和掌握灯下昆虫标本的采集、制作、保存和鉴定的方法；熟悉天目山地区常见的灯下昆虫类群；了解昆虫在生物多样性保护与利用中的意义，扩大和丰富学生的知识面。

（2）通过实践让学生增加感性认识，培养学生对昆虫的兴趣，提高对专业的认知度，激发其学习的积极性和主动性；为将来从事相关领域工作打下坚实的基础。

（3）通过实习培养学生的科学素养、创新意识和独立工作的能力，提高学生的综合实践能力；同时，培养学生吃苦耐劳和团队协作的精神，全面提高学生综合素质，成为适应时代发展要求的生物类专业人才。

（4）通过实习使学生深入认识保护生物多样性和合理利用生物资源的重要性，提高环境保护意识，同时也能使学生的野外生存能力得到加强，从而增强自身适应自然的能力。

二、实习要求

（1）掌握灯下昆虫采集、制作的基本方法，熟悉常用的采集工具。

（2）学会使用分类检索表和相关资料对所采集的昆虫进行初步鉴定，基本要求鉴定到科，常见种类能鉴定到种。

（3）能够识别和鉴定100种常见灯下昆虫，并归纳总结重点科的主要形态特征。

（4）掌握灯下昆虫多样性分析方法。

（5）严格遵守实习期间的管理规定和实习纪律。

第二节　实习注意事项

　　野外实习不同于普通的课堂教学，学生走出校门，往往情绪激动，精力充沛，伴随的是思想上容易放松，自制力减弱，这样的心态不利于实习的顺利进行。因而在野外实习之前，学生应明确实习期间的纪律和道德要求，在思想上认识到野外实习是一次难得的野外实践机会，自己应当高度重视和珍惜；在行动上能够约束好自己的行为，听从带队教师的指挥，以确保实习能顺利进行。

　　在野外实习中，我们常常会遇到一些意想不到的情况。灯下昆虫实习因为是在夜间作业，可能遭遇的情况更为复杂。因此，我们对灯下昆虫实习的注意事项提出了更高的要求。

一、人身安全

　　人身安全是灯下昆虫实习最重要的事项。野外环境复杂，再加上夜间光线昏暗，很容易发生意外事件。因此在实习期间要严格遵守管理规定和实习纪律，听从指导老师的工作安排，提高安全意识，充分做好准备工作，以确保人身安全。

　　（1）在灯下昆虫采集活动开始前，提前了解和熟悉灯诱场地周围的环境、地形，注意脚下安全，尤其是将诱虫点设置在林间开阔地的实习活动。林间常有蛇虫（图2-1）及旱蚂蟥等出没，要时刻提高警惕，可用棍棒等击打周围草丛，从而惊扰和驱赶可能存在的蛇虫。同时，要熟悉往返的路线，避免灯诱结束返回营地时迷路。

（a）　　　　　　　　　　　　　　　（b）

（c）

图2-1　天目山常见毒蛇

（a）原矛头蝮；（b）尖吻蝮（五步蛇）；（c）福建竹叶青

（2）灯诱前，及时了解当地天气变化的情况，合理安排灯诱活动。如遇雨天，为避免雨滴打在诱虫上引起爆灯，应立即停止灯下采集活动。

（3）灯诱前，提前做好个人的防护工作。选择适当的衣裤和鞋袜，有效遮蔽和保护躯体，严禁将手臂脚踝等暴露在外，避免蛇虫叮咬、枝条和刺棘刮伤等危害；尽量不穿黄色等容易吸引昆虫的明艳色衣服，避免招引蛾类在身上扑腾，掉落的鳞片进入呼吸道和眼睛，引起过敏等问题。

（4）如果将诱虫点设置在天台、高楼平顶等高处时，要注意周围护栏安全，不得倚靠护栏，谨防高空坠落。

（5）注意用电安全。设灯前检查电源和插线板，须使用符合标准的电源和插线板，严禁使用老化或破损的线路，避免因线路问题引起触电和火灾危险。

（6）灯下收集昆虫标本时，不得哄抢。部分学生看见昆虫上灯，十分兴奋，一拥而上，容易引起碰撞，造成伤害。

（7）灯下收集昆虫时，严禁使用捕虫网扫网，以防打爆诱虫灯造成伤害。部分同学第1次参与灯诱，看见大量昆虫上灯，手脚忙乱，不知从何下手，习惯性地拿起捕虫网进行扫网，这是绝对不允许的。因为诱虫幕布与诱虫灯距离很近，挥动捕虫网极易打到诱虫灯，造成诱虫灯爆裂。诱虫使用的高压汞一旦爆裂，会伤及周围人群，造成极大危害。

（8）林间的灯诱活动以小组为最小活动单位，避免因个人独自行动时可能发生的各种突发情况。

（9）准备适量的急救药品，主要包括红药水、碘酒、创可贴、蛇药、人丹、消毒纱布及脱脂棉等。人丹用于预防中暑，红药水、碘酒、创可贴、消毒纱布等用于轻微擦伤等较小伤口处理。如遇到较大的伤口或被蛇、毒虫叮咬的情况，须在现场做紧急处理后，及时就近就医。

二、爱护自然

丰富的自然资源是全人类共有的宝贵财富，是人类赖以生存，得以延续的依托。人类的活动或多或少会对自然生态系统造成影响。因此，我们在开展必要的学习和研究时，须遵循人与自然和谐发展的理念，贯彻保护环境、保护自然的思想，尽可能减少对自然环境的影响。

在进行灯下昆虫实习活动时，我们要避免不必要的采摘和踩踏以免对植被造成破坏；在采集昆虫时，严禁破坏性和毁灭性的采集，严格控制好昆虫采集的数量，原则上每个物种不得超过3头；严禁采集国家保护物种；严格遵守相关的法律法规和有关主管部门的规定；严禁吸烟和野炊等可能危害山林的野外用火行为，避免引起山林大火。

三、取得采集许可

根据自然保护区管理规定，进入天目山保护区进行实习教学活动需要取得天目山保护区管理局的许可。在制订实习教学计划后，由教学单位向天目山保护区管理局提出申请，经审批同意后，方可开展相应的实习教学活动。

四、在规定范围内开展实习

在天目山保护区内开展实习要特别注意实习的地点不能超出相关法律、法规和管理办法允许的范围。

为了更好地实现自然保护区的保护功能，同时兼顾当地群众生产生活的需要，按照区划原则与有关标准，天目山保护区被划分为核心区、缓冲区、实验区三个功能区（表2-1）。

表 2-1　天目山保护区各功能区面积一览表

分　区	面积/hm²	比例/%
核心区	617.4	14.4
缓冲区	263.5	6.2
实验区	3 403.1	79.4
合计	4 284	100

（一）核心区

被保护对象具有典型性并保存完好的自然生态系统和珍稀濒危动植物集中分布地，划为核心区。核心区主要为禅源寺后的国有山林。

（二）缓冲区

为更好地保护核心区不受外界的干扰和破坏，把核心区外围区划出一定面积作为缓冲区，其范围为核心区周围 50 ～ 250 m。

（三）实验区

除核心区、缓冲区外，其他区域均为实验区。

《中华人民共和国自然保护区条例》第十八条规定：自然保护区内保存完好的天然状态的生态系统以及珍稀、濒危动植物的集中分布地，应当划为核心区，禁止任何单位和个人进入；除依照本条例第二十七条的规定经批准外，也不允许进入从事科学研究活动。核心区外围可以划定一定面积的缓冲区，只准进入从事科学研究观测活动。缓冲区外围划为实验区，可以进入从事科学试验、教学实习、参观考察、旅游以及驯化、繁殖珍稀、濒危野生动植物等活动。

实习单位在选择灯下昆虫实习地点时，可根据教学需要在天目山保护区实验区范围内选择合适的地点。

第三章

灯下昆虫的采集、标本制作与保存

采集、制作和保存昆虫标本是研究昆虫必须掌握的基本技能之一。由于不同种类的灯下昆虫活动能力和行为各有差异，在采集时需要区别对待。同时，根据研究的需要选择相应标本的制作方式。标本的制作质量直接关系到标本的保存时限。当然，保存环境也是影响标本保存的关键因素。

第一节 灯下昆虫的采集

一、采集工具

灯下昆虫的采集需要准备诱虫装置，即诱虫灯、白色幕布、撑杆、绳索、插线板等；还需要准备收集昆虫的工具，即毒瓶、酒精瓶、镊子、三角包等。

（一）诱虫灯

1.高压汞灯

高压汞灯［图3-1（a）］是目前最常用的诱虫灯。这种灯的发光原理是利用氩气在汞蒸气中的放电作用，产生长短两列光波，即白光段和黑光段。高压汞灯发出的白光段可以把远处的昆虫引诱到近光区。而后，进入近光区的昆虫会对黑光段即紫外光（波长为365 nm）产生很强的趋性，扑向灯源。

目前，市场上销售的高压汞灯灯泡有125、160、250和450 W几种规

（a）　　　　　　　　　　　　（b）

图3-1　高压汞灯和黑光灯

（a）高压汞灯；（b）黑光灯

格，电压均为220 V。功率越大，灯的亮度越大，诱集的范围也会随之增大。

2. 黑光灯

黑光灯［图3-1（b）］所释放的光线波长为360 nm左右，正好处于昆虫视觉光谱的灵敏区域，对部分昆虫种类有较好的诱虫效果，常被用于农业害虫的诱杀。相比于高压汞灯，黑光灯诱虫的距离相对较短，所诱集的昆虫种类相对少一些。

3. 其他诱虫装置

目前市面上有各种各样的诱虫灯出售，灯光都在昆虫敏感的波段，但大多数诱虫灯设计了灭虫装置，因此，不适合做采集标本用的诱虫灯。

4. 其他非专用灯源

如果条件有限，无法配备专业的诱虫灯具，白炽灯也可作为诱虫的灯源。尤其是在光污染较小的区域，白炽灯的诱虫效果也是不错的。一些路灯、屋顶的灯源也可作为备用的方案。

（二）电源和插线板

在野外灯诱昆虫，电源是主要的限制性因素之一。如果条件允许，可以带上便携式的户外电源或发电机。如果条件有限，在选择诱虫点时应充分考虑离电源较近的区域，借用附近的电源，同时要备好插线板等连接电源的装备。

　　首先，从安全角度考虑，须选择符合新国标的插线板；同时要充分考虑插线板导线的长度。足够长的电源线可以减少选点时电源位置的限制，有更大的自由度选择设灯的地点。

（三）白色幕布

　　诱虫通常需要准备一块白布，悬挂在诱虫灯不远处，如电影幕布，便于趋光而来的昆虫停落其上。幕布一般选择厚实的白色棉布。白颜色不仅能很好地反射光线，而且便于观察者观察停落在幕布上的昆虫。幕布的大小没有严格的规定，参考尺寸为 1.8 m × 2.0 m。主要考虑点包括：一是幕布不可太宽，因为幕布越宽稳定度越小；二是幕布不可过高，因为过高除了影响稳定度，也不便于使用者进行观察。

图 3-2　灯诱幕布

（四）撑杆和绳索

撑杆和绳索是用来搭建诱虫幕布和架设诱虫灯的。撑杆可以就地取材，如毛竹竿。撑杆尽量粗一些，保证结实。

在两根立起的撑杆中间拉上一条绳索，就可以悬挂幕布了。绳索建议选择结实牢固、粗细适中的绳子，太细或太软的拉绳挂上幕布后，中间容易下垂。同时需要多准备一些绳子，用于幕布四周的固定。也可用装满水的矿泉水瓶等重物悬挂来固定和绷紧幕布。

假如挂灯的地方后面紧靠一面墙，可以不用撑杆，直接将白布挂在墙上。悬挂白布或灯也可以借助诱虫点当地可利用的一些物体，如树干、柱子、房梁、窗框等。例如：图3-2中，实习者利用了晾衣支架来固定幕布和诱虫灯。

（五）便携式灯诱帐篷

为了满足广大昆虫爱好者的需求，市面上推出了新型便携式灯诱帐篷（图3-3）。这种帐篷式的幕布占地较小，利用十字交叉的立面来增加诱虫面积。支撑结构使用可折叠的轻质金属杆，既容易安装，又方便携带，对于较长途或者路途不便携带重物的采集活动是个不错的选择。

（六）昆虫收集工具

1.毒瓶

毒瓶是用来迅速处死捕获到的昆虫的工具，其制作如图3-4所示。做毒瓶的容器最好口与瓶体等大，便于昆虫进入和导出。瓶盖要方便打开，也要容易盖严，一般由广口的、带塞或螺旋盖的厚壁玻璃瓶制作而成。

图3-3　便携式灯诱虫帐篷

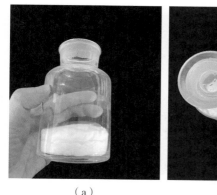

（a） （b） （c）

图3-4 毒瓶的制作

（a）脱脂棉层填充；（b）滤纸层制作；（c）瓶身与瓶盖连接

毒瓶的制作：

（1）在广口瓶中放入脱脂棉，填满底部1/3空间。

（2）用滤纸或硬纸板剪成与广口瓶内径大小相同的圆形，纸片可以用针扎出一些孔洞（有利于乙酸乙酯的挥发）。纸片放在脱脂棉的上面，用来压住脱脂棉。

（3）用细棉绳将瓶身与瓶盖连接在一起，以防止使用时瓶盖掉落打碎。同时，建议用细棉绳制作出提手的结构，方便使用时提拿。

在使用毒瓶的时候，将适量的乙酸乙酯滴在脱脂棉层里，乙酸乙酯的量不可过多，因为毒瓶湿度过大，昆虫标本会被粘在管壁上或相互粘在一起，影响标本的质量。乙酸乙酯容易挥发，因此使用时可视挥发的程度（以迷晕昆虫的效力来判断）不定时地添加乙酸乙酯。注意脱脂棉层在添加一定次数的乙酸乙酯后，要及时更换，以免过于潮湿而损坏标本。

2. 酒精管

酒精管一般由透明的、密封性好的管形容器灌入75％乙醇制成。酒精管通常用来保存双翅目、膜翅目等小型昆虫。为避免乙醇挥发，我们可以在75％乙醇中加入少量的丙三醇（甘油）。

需要注意的是，保存用作分子生物分析的昆虫标本的酒精管需要将75％乙醇换成无水乙醇或其他符合要求配比的保存液。

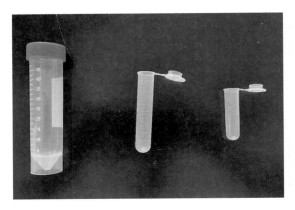

图3-5　用以制作酒精管的不同规格离心管

酒精管建议使用不易破碎的离心管来制作。使用离心管时，可以根据实际需要，选择不同大小规格的离心管（图3-5）。最常用的离心管有5、10和50 mL等规格。

3. 三角包

三角包可用于临时保存蛾蝶类昆虫标本，通常使用硫酸纸或牛皮纸等支撑性较好的纸张来制作，可以更好地保护标本。如果条件允许，建议使用硫酸纸三角包，因为透明的硫酸纸更便于查看标本的保存状况。当然，在野外作业可以考虑更容易获得的材料，就地取材，报纸、笔记本的纸张都可以。

三角包的制作：

（1）选取长方形的硫酸纸，斜对折［图3-6（a）］，形成带窄长方形边的三角形状。

（2）将窄长方形的边向内翻折［图3-6（b）］，形成带小三角形边角的三角形状。

（3）将小三角形边角向内翻折［图3-6（c）］，形成完整的三角包。

三角包的大小没有固定的要求，通常视昆虫标本的大小来确定。三角包如果太小，将无法完全包裹住标本。三角包如果太大，包裹其中的昆虫标本不好固定，容易滑动，来回摩擦极易损坏标本。因此，选择合适大小的三角包来保存标本，可以更好地保护标本的完整性。

包裹昆虫标本的三角包必须平整地放入保鲜盒、饭盒或腰包等容器中保存，避免折叠和扭曲。

另外，需要注意的是，在使用三角包保存昆虫标本时，需在三角包上写明相关的采集信息，如采集时间、采集地点、采集人姓名、采集的环境……同时，注明采集的方式（如灯诱）。这些信息可以为后期的数据分析和研究提供依据。

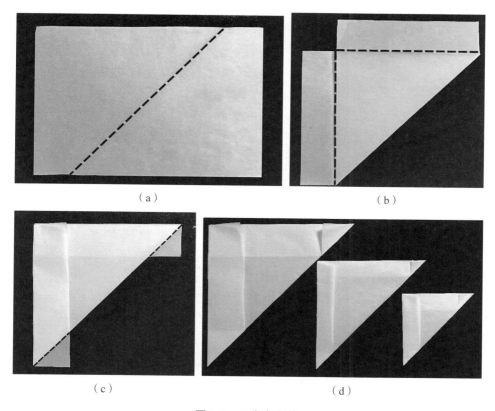

（a）

（b）

（c）

（d）

图3-6　三角包制作

（a）将长方形硫酸纸沿虚线对折；（b）将长边沿虚线向内翻折；（c）将三角形边角沿虚线向内翻折；
（d）根据昆虫的大小制作不同规格的三角包

4. 镊子

镊子用以夹取昆虫。必须强调的是，在拿取昆虫时，不能用手直接拿取，必须使用镊子等工具进行夹取，以避免昆虫的一些结构，如蜜蜂的尾针等给同学带来伤害。

在选择镊子时：一要注意选择镊子的长度，须与选用的毒瓶大小相匹配；二要注意选择镊子的类型（图3-7）。通常建议使用

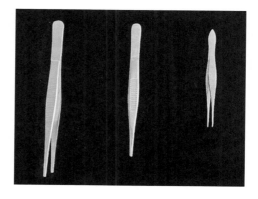

图3-7　不同类型的镊子

平头型镊子或圆头型镊子。因为尖头形镊子的头过于尖锐容易导致虫体破损。

二、选点设灯

诱虫点的选择是影响灯下昆虫采集效果的首要问题，一个好的选点可以使灯诱达到事半功倍的效果。在选诱虫点时，主要考虑以下几个方面的因素：

（1）诱虫点的选择首先要考虑周围的生态环境，植被丰富的地点，昆虫的种类相对也比较丰富。

（2）诱虫点应选择地势较高而周围环境比较开阔的空地，周围或至少三面没有障碍物阻挡光的传播。这样才能达到光源射程远、诱虫效果好的目的，同时也便于采集者在灯光周围观察和采集标本。

（3）诱虫点应选择光干扰少的地方。如果有较多的灯光干扰，诱虫灯的作用将被减弱。

（4）诱虫点应考虑离电源较近的地方，方便接通电源。如果能自带小型发电机，或使用蓄电池做电源，就可以有更多的选点自由度。

（5）为了能够在下小雨的天气里继续诱集，诱虫点最好有个挡雨的顶，如南方大屋檐的开放式晾台就是诱虫点不错的选择。

（6）诱虫点应设置在风力影响较小的地方。因为风力很大的时候，许多昆虫不能定向飞行，从而导致诱虫效果不佳。同时，风力过大，会导致诱虫幕布晃动得太厉害，不利于昆虫停落，也不利于观察和采集。

选好了诱虫点，接下来就可以动手架设诱虫灯和幕布了。利用撑杆和绳子将幕布像放露天电影的银幕一样拉平悬挂起来。注意幕布的四个角和下沿边也要固定，避免因为幕布飘动而影响昆虫上灯的效果。汞灯一般悬挂于幕布上部前方的位置。

三、昆虫的观察

灯诱时间段一般从晚上8点到第二天黎明前。其间，不同时间段会有不同种类的昆虫出现。有些昆虫在灯亮不久就飞来了，有些昆虫要等深夜才到，有些甚至后半夜才会出现。因此，要珍惜每一个时段观察灯下昆虫的机会。

（一）观察不同种类昆虫的形态特征

灯诱是一种非常高效的昆虫诱集方式，可以在较短时间里将大量不同类群的趋光性昆虫吸引到灯诱地点。观察者可以在较短时间内观察到大量不同种类的昆虫，从而更好地认识和学习灯下昆虫的形态特征。除了观察昆虫的形态特征之外，还要注意观察昆虫自然停落时的姿态，这也是区别不同种类昆虫的重要依据之一。一些昆虫，尤其是蛾类，它们停落时形体会呈现出特定的姿态（图3-8），如屋脊形、钟形、十字架形、舟形，还有的昆虫像枯叶、卷叶等。这些造型对于识别昆虫种类很

图3-8　昆虫停歇时的不同姿态

有帮助。

（二）观察不同种类昆虫的行为

不同类群的昆虫在灯前的行为各不相同：有些昆虫围着灯泡旋转飞行，然后才停落在附近；有些在幕布上捕食猎物（如猎蝽、螳蛉等）；有些在幕布上爬行，忽而扇动翅膀，忽而短距离飞行；有些静卧在幕布上纹丝不动，直到天明；一些大型鞘翅目昆虫则会一头撞向幕布，然后摔到地上，出现短时间的假死后再活动。天蛾等大型蛾类的到来动静较大，它们扇动翅膀有明显的声音，有时会造成幕布上一阵混乱。

不同类群的昆虫停落的位置也各不相同：有些昆虫停落在明亮的地方；有些昆虫则在灯光相对比较暗的地方停落或活动。有的昆虫停落在白幕布上；有的昆虫停在幕布周围的墙上、屋顶上、栏杆上、绳子上、电线上、地面上，甚至采集者的身上。

采集之前的观察很重要。采集者搜寻范围要大一些，那些较暗的地方或许藏着你想找的昆虫种类。

四、标本的采集

根据不同昆虫的特点，需选择不同的采集方法。

（一）注射法

一些大型的蛾进入毒瓶后，会强烈挣扎，从而造成鳞片脱落、翅膀破损等情况。一般可以用手捏住蛾的胸部，用注射器在蛾的胸腹部注入少量的石炭酸或福尔马林（能使其致死的量，视蛾的大小和活跃度而定），使其进入昏迷状态，然后将其暂时放置在合适的容器里（如纸盒），待蛾完全不动后，就可以用适当大小的三角包纸将蛾临时固定保存，同时在三角包上注明采集记录。

（二）毒瓶采集法

对中、小型昆虫可用不同大小的毒瓶直接收集。在幕布上将瓶口对准将要采集的昆虫，在乙酸乙酯的作用下，昆虫多会自动落入瓶中，然后及时将毒瓶盖子盖严。

收入毒瓶的昆虫须及时取出。一般等到毒瓶中的昆虫完全晕死，即可用镊子轻轻夹取出来。注意毒瓶里的昆虫不能装得太多。因为毒瓶里的昆虫数量过多，容易引起昆虫间的挤压和摩擦，从而破坏标本的完整性。

如果瓶壁比较潮湿，可以用镊子夹住卫生纸将毒瓶内壁擦干，这样可以保证采集的标本不会被粘到毒瓶的内壁上，造成损坏。将毒死后的标本收在三角包或棉花包（不带鳞片的种类）里临时保存，每个包上都要有采集记录。

（三）酒精管保存法

有些昆虫体型小又柔软（如蜉蝣、蚊类），可以用装有75％乙醇的指形管、广口瓶等容器收装。准备一支毛笔，用毛笔尖蘸湿后将昆虫粘进酒精管或瓶中。将酒精管对准停歇的昆虫，以斜向上的方向，将其快速扫进酒精管中。

（四）空管采集法

假如采集者需要收集活虫，对其做进一步的生物学观察，就可以直接将昆虫收入空间适当的玻璃管或瓶中，注意瓶口留一些进气孔。对于那些有自相残杀习性的昆虫，最好一管装一只虫，或在一个较大的瓶中放一些纸条做隔离带。

制作昆虫标本最佳时间是昆虫死后不久，它们的身体是新鲜而柔软的，此时无论展翅还是整姿都比较容易，不易被损坏。因此，如果条件允许，建议将新采集的标本及时制作成针插标本。

第二节　灯下昆虫的标本制作与保存

采集到的昆虫需要尽快制作成标本以便长期保存。针插标本是最常用的标本制作方法，此外，还可以通过浸制、滴胶等方式来保存标本。

一、针插标本的制作

（一）标本回软（新鲜标本和冷冻标本可跳过这一步骤）

在玻璃干燥器（图3-9）的下层注入清水，将三角包或棉花包里的昆虫标本放在干燥皿的隔板上，利用水汽缓慢地浸润虫体使其回软。通常经过3～5天的等待，轻碰触角能自由摆弄即完成回软。

新鲜标本如果无法在第一时间制作成针插标本，可以用三角包包好后，放入冰箱（冷冻层）进行保存。这样保存的标本可以长时间保持较好的新鲜度，方便随时取出制作针插标本。

图3-9　玻璃干燥器

（二）昆虫针固定胸部

首先根据昆虫虫体的大小选择合适的昆虫针。昆虫针有00、0、1、2、3、4、5号共7种型号，直径依次增大。中等体型的昆虫通常选用2号或者3号针，大型的甲虫可选用5号针。

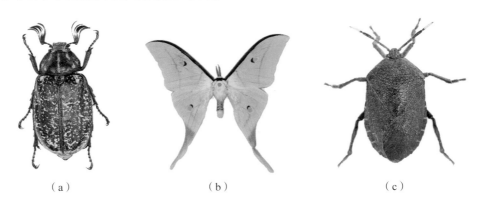

（a）　　　　　　　（b）　　　　　　　（c）

图3-10　插针位置示意图（红点位置）

（a）鞘翅目；（b）鳞翅目；（c）半翅目

将昆虫针竖直扎下穿过昆虫的中胸，确保从正视、侧视、俯视角度观察针都是竖直扎下。虫体停留在昆虫针尾端3/4处。下针的位置（图3-10）根据昆虫种类的不同略有不同。例如：鳞翅目、膜翅目等都从中胸背面正中央插入；直翅目插在前胸背板的右面靠后处；鞘翅目插在右鞘翅基部约1/4处；半翅目插在中胸小盾片的中央偏右处。扎针时要注意避开中足的基节窝，同时扎针尽可能一次完成，以减少对标本的伤害。

（三）整姿和展翅

需要展翅的标本，先将展翅板［图3-11（a）］的间隙调整至刚好合适容纳虫体的宽度，再将虫体插入展翅的槽内固定，注意翅面要与展翅板面贴合。在野外可利用泡沫板［图3-11（b）］等易得的材料来替代展翅板。

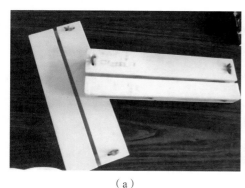

（a）　　　　　　　　　　　　　　　（b）

图3-11　整姿和展翅用的材料

（a）展翅板；（b）泡沫板

（1）展翅（以鳞翅目昆虫为例）：需要用到的工具有展翅板或泡沫板、硫酸纸、镊子、昆虫针和大头针。

① 根据虫体的大小粗细调整展翅板槽的宽度（或泡沫板槽的宽度）；使虫体能放进槽里，又不会因为空间过于宽松而左右晃动［图3-12（a）］。

② 裁取宽度合适（一般为翅宽的2/3宽）的硫酸纸条，一端用两根大头针固定在展翅板上。固定的位置位于一侧翅的正上方。为了更好地固定纸条，大头针需以一定的角度，不同的方向插入［图3-12（b）］。

③ 选择合适的昆虫针号［图3-12（c）所示的蛾类选用的是3号针］，以垂直虫体的方向穿过标本中胸的正中央，再将标本插进展翅板的槽里。注意昆虫针插入的深度，要使待展翅的标本的翅面与展翅板的面正好贴合。

④ 固定虫体后，右手用镊子轻轻夹住前翅的前缘脉［略近翅基的位置，如图3-12（d）所示］，向上前方拉动前翅，调整位置，使前翅的后缘与身体中轴线垂直，然后用左手拉住硫酸纸条的下部，拉紧，覆盖在翅面上，以固定翅的位置；再取大头针在沿翅的外周几个点（通常是前翅顶角、肩角、臀角、前缘中点、外缘中点，可视具体情况增减大头针固定的

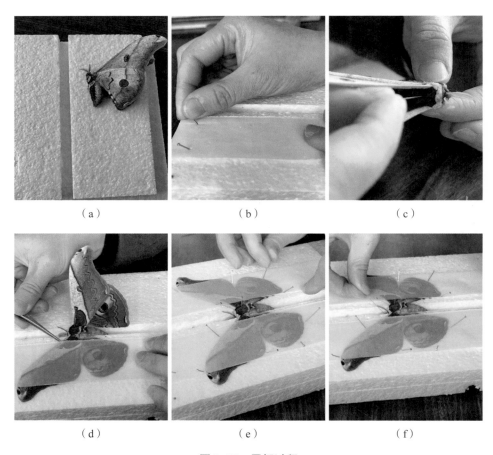

图3-12　展翅过程

（a）调整展翅板槽的宽度；（b）固定硫酸纸；（c）插针；（d）展翅；（e）固定翅面；（f）调整触角

点位）固定硫酸纸条；而后，用镊子调整后翅的位置，使之与前翅自然衔接；最后用同样的方法固定硫酸纸条。固定点通常是后翅的臀区外缘和后缘。如图3-12（e）所示。

⑤ 用同样的方法处理另一侧的翅。注意俯视确保左、右翅对称。

⑥ 调整触角的位置，使之呈自然的倒"八"字形［图3-12（f）］。

（2）整姿（以鞘翅目昆虫天牛为例）：需要用到的工具有展翅板（或泡沫板）、镊子、昆虫针和大头针。

① 选择合适针号的昆虫针，以垂直身体纵轴的方向，穿过天牛的鞘翅偏右的位置；注意昆虫针插的深度，标本大约在昆虫针靠尾端的1/3处。将标本插在展翅板（或泡沫板）上，以固定标本。

② 调整昆虫标本的足的位置，使其还原为自然姿态，即前足向前，中、后足向后摆放的姿态［图3-13（a）］；然后以从前向后的顺序，用大头针插在足的两侧来固定足的位置。固定的顺序从基部向端依次固定，固定时要注意保持足的完整性，尤其小心跗节等脆弱易损坏的部位。

③ 用镊子或昆虫针轻轻拨动触角来调整触角的位置。触角是易碎的部位，调整时动作要轻柔。将触角调整为自然姿态，左右对称即可，多数为前伸的"八"字形姿态［图3-10（c）、3-12（f）］。一些触角特别长的类群，如天牛，则将触角向后弯曲，调整至身体的两侧［图3-13（b）］。

（a）　　　　　　　　　　　　　（b）

图3-13　整姿示范图

（a）背面观；（b）侧面观

（四）风干、撤针

标本风干的时间视周围的温度和湿度条件的不同而定，数日到两周不等。条件允许的话，可利用烘箱来进行干燥，以减少等待的时间。待标本完全干燥定型后，即可将固定用的大头针和硫酸纸撤除。风干后的标本极易碎裂，撤针时应当小心谨慎，按照触角、足、翅、腹的顺序依次撤掉大头针，最后取下标本。

（五）装盒保存

制作完成的标本，加插采集信息标签后，整齐地排插在木制标本盒里，标本间需要留出适量的空间，避免相互碰触。标本盒内放入樟脑丸，起到防蛀、保护标本的作用。樟脑丸需要固定，以免左右滚动损坏标本。

标本盒应及时收入标本室进行保存。

二、浸制标本的制作

因后续研究的需要或其他原因，部分昆虫标本需要以浸制的方式进行保存。例如：当进行分子生物分析时，部分昆虫通常置于无水乙醇中进行保存。分类学研究的标本一般会选择70%～85%的乙醇作为浸制液，这个浓度的乙醇可以起到保护虫体的目的，避免萎缩。为了减缓乙醇的挥发，可在浸制液里加入少量的丙三醇（甘油）。

浸液标本需要定期更换浸制液，尤其是在新采标本浸泡初期，需要及时更换浸制液，因为新鲜标本浸出的体液会导致浸制液浓度下降，污染浸制液，从而引起标本腐烂。在新采标本浸泡初期，可视具体情况增加更换的频次，直到没有明显的浸出物后，延长更换的周期。常规的保存，每1～2周更换1次浸制液即可。

当注入浸制液时，注意将容器加满，尽量不留空隙，以免浸制液挥发太快导致标本毁损。另外，不能随意晃动标本，以免因碰撞而伤及标本。如果可能，最好用双重乙醇保存法，即将昆虫标本置于小型保存瓶中，以脱脂棉球塞住瓶口，再放入充满乙醇的大型保存瓶中。这样做，一可以减少昆虫标本因乙醇快速挥发而干掉裂化，二可以起到缓冲保护的作用。

　　用作教学观察的昆虫浸制标本，可以使用密封性较好的橡胶塞玻璃瓶来存放，以方便取出观察［图3-14（a）］；用作展示的昆虫浸制标本，则可以使用酒精喷灯将玻璃容器的口进行封闭［图3-14（b）］，以达到更长期的保存。

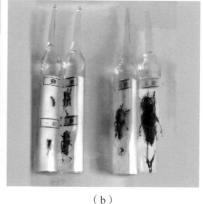

（a）　　　　　　　　　　　　　　　　　（b）

图3-14　浸制昆虫标本
（a）橡胶塞封口；（b）酒精喷灯封口

三、水晶滴胶标本的制作

　　待展翅或整姿后的昆虫标本完全干燥后，可以用高透明的环氧树脂类材料进行包埋。这样处理的标本可以很好地解决受潮和虫蛀的问题。不足的是，包埋后的标本难以取样，也会影响对一些细微结构的观察。因此，水晶滴胶标本（图3-15）一般仅限于教学展示、科普活动等工艺展示使用，无法用于科学研究。

（一）环氧树脂的选择

　　环氧树脂按凝固后的软硬程度可分为软胶和硬胶。软胶凝固成型后弹性较好，通常用来制作手机壳、项链吊坠等小饰品。硬胶凝固成型后硬度大，不易变形，可以起到很好的支撑和保护作用，因此常用来制作包埋昆虫标本。

　　环氧树脂根据凝固速度又可分为慢干胶和快干胶。两者凝固速度差异很大，快干胶一般12～24h即能完全凝固，而慢干胶完全凝固需要1周左右。因此，在野外制作昆虫水晶滴胶标本建议使用快干硬胶型的环氧树脂。

图3-15　水晶滴胶标本

（二）水晶滴胶标本的制作步骤

水晶滴胶标本的制作（图3-16）步骤如下：

（1）按照说明书的配比要求量取合成环氧树脂的两种成分。不同厂家的产品配比要求不同，错误的配比会导致树脂最终无法固化等现象。因此，要特别注意查看说明书上的配比量。

（2）将两种成分充分搅拌，使其混合均匀。混合不均匀的树脂常常会出现无法凝固或凝固后浑浊的情况。

（3）根据标本的大小选择合适的模具，注意标本要充分干燥后方可进行树脂包埋。

（4）分两次注入混合的树脂，第1次浇注1/3的树脂用以固定标本。因为昆虫标本较轻，在液态的树脂中容易上浮；待第1次树脂凝固后再浇第2层树脂，液面没过标本2 mm即可；也可以提前制作好标本的二维码小卡片，录入标本相关信息，与标本一同包埋。在等待凝固的过程中，注意遮挡模具，以避免细小的灰尘、杂物落入树脂中。

（5）待树脂完全凝固后即可脱模。边角锋利的地方可用细砂纸进行打磨。

图3-16　水晶滴胶标本的制作

（a）树脂配比要求确认；（b）混合树脂；（c）模具选择；（d）树脂注入；（e）脱模

第三节　灯下昆虫的拍摄

拍摄昆虫是记录实习的另一种方式。昆虫的个体小且容易受到惊动，所以想要拍出理想的昆虫照片并不容易，尤其是在夜间。用于昆虫拍摄的相机需要有近拍的功能，这样可以在距离昆虫较远的位置通过镜头的调节来拍摄，以减少对昆虫的惊扰。当然，如果能够配备中焦或长焦镜头就更好。

随着手机摄影功能的日益强大，部分具有微距或近摄功能的手机也可应用于昆虫的拍摄，但受光线、防抖等诸多因素的限制，手机在夜间昆虫的拍摄方面仍存在不足。

一、不同光线的处理

当夜间拍摄时，光线的强弱是影响昆虫拍摄的最重要的条件之一，在不同的光线强度下需要采取不同的处理方式。

1. 强光下的昆虫拍摄

当昆虫停落在离诱虫灯较近的位置，在光照度足够的情况下可以不使用闪光灯。例如：450 W 的高压汞灯近距离的照度基本可以满足昆虫拍摄的亮度。如果遇到曝光不足的情况，可以使用相机的补光功能。

需要注意的是：拍摄时，相机不能置于灯泡与昆虫之间，以免相机挡住灯光，造成曝光不足的问题。当昆虫停落的位置与灯泡和幕布之间的夹角大于45°时，拍出的照片效果最佳。因为这个角度昆虫体两侧受光较均匀，拍摄时不会有太大的影子。当然，昆虫停落的位置无法人为控制，我们只能通过调整相机的位置和角度来寻找最佳的拍摄角度。

2. 弱光下的昆虫拍摄

当昆虫停落在离诱虫灯较远的地方，光线昏暗时，就必须使用闪光灯了。实际上，在实习中我们常常会遇到这样的情况。

需要注意的是：当相机离昆虫很近时，一些相机自带的闪光灯射出的部分光线会被镜头遮挡，从而造成照片中出现局部黑影的现象。这种情况可以通过以下方式解决：

（1）使用外置同生闪光灯（相机上需要有引闪装置）来打光。外置闪光灯可以从相对的两个侧面进行打光，这样拍摄出来的照片不会出现局部黑影，照片受光也相对均匀。当然，当使用外置同生闪光灯时，需要控制好曝光量，否则容易出现曝光过度的问题。这种方法的缺点是需要携带相应的设备附件，增加了野外工作的负重。

（2）相机适当后退，使镜头不再遮挡闪光灯。这样做的缺点是目标昆虫在画面中成像过小，即使是后期照片处理时，放大图片，也很难使细节部分的呈现达到清晰的程度。

（3）选择内置变焦相机进行拍摄。内置变焦相机的特点是镜头短，近距离拍摄时，镜头不会挡住闪光灯。

（4）在镜头前安装环形闪光灯。对野外拍摄来说，环形闪光灯轻便，方便携带，又可以很好地解决近距离拍摄出现黑影的问题。

二、拍摄的时机

当被拍摄的物体处于移动状态时，拍摄出来的照片很容易虚化。使用较高的快门速度，虽然可以抓住瞬间的稳定，但有可能出现曝光不足的情况。因此，拍摄昆虫的最好时机是昆虫静止不动的时刻。

诱虫的幕布常常会因为风吹而摇动。即使昆虫不动，幕布的飘动也会影响照片的拍摄。因此在拍摄时，要注意观察环境，选择风停的时刻，抓住拍摄的时机。另外，停落在墙面、地面、栏杆上的昆虫，因为背景稳定，更容易拍照。

有一些昆虫上灯后会在幕布上停落直到第2天清晨。这类昆虫可以等到第2天清晨再进行拍摄。因为清晨环境更加安静，昆虫很难被拍摄惊扰，周围的光线也更利于拍照。

当然，不是每种昆虫都能等你等到最佳的拍摄时机，有些难得一见的昆虫，建议第一时间进行拍摄。之后再等待合适的机会进行补拍，以确保照片质量。

三、照片的信息记录

用相机拍摄昆虫是很好的记录昆虫的方式，可以记录一些不便于采集的昆虫种类以及一些昆虫行为。一些昆虫爱好者在拍摄昆虫时仅记录了昆虫的学名，没有其他信息。这类照片具有一定的科学普及和欣赏的价值，但很难成为科学研究的材料。因此，我们在拍摄昆虫时，记录的信息需要更详细一些。最基本的信息记录应该包括如下几种：

拍摄地点：省（自治区、直辖市）、地区（或县）、地点（如天目山）；经纬度；海拔高度。

拍摄时间：年、月、日、具体时刻（24 h制）。

拍摄人：姓名。

建议：一只昆虫可以从多个角度进行拍摄，以更全面地记录其特征。

第四章

天目山常见灯下昆虫

天目山昆虫资源十分丰富，其中灯下昆虫种类繁多。它们在日间蛰伏，当夜幕降临后，遂纷纷登场，或安静地趴在灯光周围，或围着灯光跳跃起舞。

第一节 昆虫的主要特征和基本形态

昆虫的种类较多，外部形态变化很大。同种昆虫，由于虫期、性别不同，或地域差异，外部形态也有很大的变化。昆虫的外部形态虽然千差万别，但是它们的基本结构是一致的。因此，了解昆虫的外部形态特征，掌握其基本结构，对于识别昆虫是十分必要的。

一、昆虫的主要特征

昆虫隶属于节肢动物门（arthropoda）。体躯由若干环节组成，具有坚硬的几丁质外骨骼，附着肌肉，并包藏全部内脏器官。某些体节上着生有成对而分节的附肢，主要特征如下：

（1）昆虫纲的成虫（如螽斯）体躯明显地分为头、胸和腹3个体段（图4-1）。

（2）头部一般具有1对触角、1对复眼和2～3个单眼（有时缺失），以及口器。

头———胸———腹

图4-1　螽斯侧面观示昆虫结构

（3）胸部是运动中心，通常具有3对足、2对翅。

（4）腹部是生殖与消化中心，多由9个以上体节组成，末端有外生殖器，有时还有1对尾须。

二、昆虫的基本形态

理论上，昆虫的体躯由20节组成：头部6节，胸部3节，腹部12节。但实际上，头部各节完全愈合，腹部的节数常有减少的现象，有时只能见到几节。

（一）头部

昆虫的头部通常为近圆形的球体，头壳高度骨化，外观像六面体的盒子：上面为头顶，前方为额，两侧为颊，后方为后头，底部着生有口器。头壳的表面通常有1对复眼、1～3个单眼及1对触角。

1. 触角

昆虫通常有1对触角，着生于额的两侧。

典型的触角由柄节、梗节和鞭节组成，鞭节常由多个亚节组成。因昆虫种类和性别的不同，触角的形状也各有不同。在昆虫分类中，触角的类型常常被作为昆虫种类识别的主要依据之一。

常见的部分触角形状如图4-2所示（部分类型暂未采集到）。

常见触角类型具体可分为以下12种。

（1）球杆状触角［图4-2（a）］：结构与线状触角相似，但近端部数节膨大如棒，如蝶类、蝶角蛉的触角。

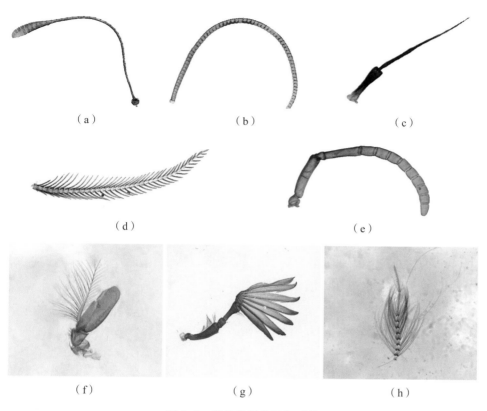

（a）　　　　　　　　　（b）　　　　　　　　　（c）

（d）　　　　　　　　　　　　（e）

（f）　　　　　　　　（g）　　　　　　　　（h）

图4-2　常见的部分触角形状

（a）球杆状；（b）丝状；（c）刚毛状；（d）羽毛状；（e）膝状；（f）具芒状；（g）鳃片状；（h）环毛状

（2）丝状或线状触角［图4-2（b）］：丝状触角又叫线状触角，细长、呈圆筒形，除基节、梗节较粗外，其余各节大小、形状相似，并由基部向端部逐渐变细，如螽斯、天牛的触角。

（3）刚毛状触角［图4-2（c）］：触角短，基节与梗节较粗大，其余各节细似刚毛，如蜻蜓、蝉、叶蝉等的触角。

（4）羽毛状触角［图4-2（d）］：鞭节各亚节向两侧突出呈细枝状，枝上还可能有细毛，形似鸟类的羽毛或梳头的篦子。如多数蛾类雄虫的触角。

（5）膝状触角［图4-2（e）］：其柄节较长，梗节小，鞭节各亚节形状及大小近似，在梗节处呈肘膝状弯曲。如蚂蚁、蜜蜂的触角。

（6）具芒状触角［图4-2（f）］：鞭节不分亚节，较柄带和梗节粗大，其上有一刚毛状触角芒。为蝇类所特有。

（7）鳃片状触角［图4-2（g）］：鞭节端部几节扩展成片，形似鱼鳃。如鳃金龟的触角。

（8）环毛状触角［图4-2（h）］：除柄节与梗节外，鞭节部分亚节有一圈细毛，如雄性蚊类与摇蚊的触角。

（9）锤状触角：似棒状，但触角较短，鞭节端部突然膨大，形似锤状，如郭公虫的触角。

（10）锯齿状触角：鞭节各亚节的端部呈锯齿状向一边突出，如部分芫菁雄虫的触角。

（11）栉齿状触角：鞭节各亚节向一侧显著突出（较锯齿状更为强烈），状如梳栉，如部分豆象雄虫的触角。

（12）念珠状触角：基节较长，梗节小，鞭节由多个近似圆球形、大小相近的亚节组成，如白蚁的触角。

2. 眼

昆虫的眼分为单眼和复眼。

（1）单眼：着生于额区上方两复眼之间，一般3个，有时2个或1个。

（2）复眼：位于头的两侧上方，由许多小眼集合而成。小眼的数量从几个到几万个不等。一般飞行能力强的昆虫复眼发达，小眼多；在寄生性、穴居性昆虫及低等昆虫中复眼退化，甚至消失。

3. 口器

不同类型的昆虫，其口器变化非常大，通常可分为以下几种基本类型：

（1）咀嚼式口器：昆虫中最基本也是原始的口器类型，包括上唇、上颚、下颚、下唇和舌5个部分。上唇片状，位于口器的上方，着生在唇基的前缘；上颚为1对坚硬的齿状物，位于上唇下方两侧；下颚1对，位于上颚的后方，具1对下颚须；下唇片状，位于口器的底部，由组成口器的第3对附肢愈合而成，其上生有1对下唇须；舌为柔软袋状，位于口腔中央。如蝗虫的口器。

（2）刺吸式口器：构造特化显著。上唇很短，呈三角形的小片；下唇长而粗，延长成喙，有保护口器的作用；上颚与下颚特化成2对细长的口针，包在喙内，两对口针相互嵌接组成食物道和唾液道。如蝽的口器。

（3）锉吸式口器：短喙状。上颚不对称，右上颚高度退化或消失。左上颚和1对下颚的内颚叶特化成口针。其中，左上颚基部膨大，具有缩肌。如蓟马的口器。

（4）虹吸式口器：上颚完全缺失，下颚则十分发达，延长并互相嵌合成管状的喙，内部形成1个细长的食物道。喙不用时，蜷曲在头部的下面，如钟表的发条状。如蝶蛾类成虫的口器。

（5）嚼吸式口器：上颚发达，下颚和下唇联合延伸特化形成能吮吸液体食物的吸管；下唇和中唇舌及下唇须也延长成吮吸结构。嚼吸式口器为蜜蜂特有的口器。

（6）舐吸式口器：上颚和下颚退化，下唇末端特化成海绵状的唇瓣，唇瓣表面为膜质，横列由很多小骨环组成的细沟。如苍蝇的口器。

4. 头部的形式

昆虫的头部根据口器着生位置的不同，可分为3种头式。

（1）下口式：口器着生在头部的下方，与身体的纵轴垂直，这种头式适于取食植物枝叶，是比较原始的形式。如蝗虫、蟋蟀和虎甲等。

（2）前口式：口器着生于头部的前方，与身体的纵轴呈一钝角或几乎平行，这种头式适于捕食动物或其他昆虫。如虎甲、步甲和草蛉等。

（3）后口式：口器向后倾斜，与身体纵轴成一锐角，不用时贴在身体的腹面，这种口器适于刺吸植物或动物的汁液。如蝽、蚜虫和叶蝉等。

（二）胸部

昆虫的胸部由3节组成。从前至后依次为前胸、中胸和后胸；上、下两面分别叫背板和腹板，侧面称侧板。昆虫的胸部通常着生2对翅和3对足。

1. 足

昆虫的足一般有6节，从基部至端部依次为基节、转节、腿节、胫节、跗节和前跗节。足的主要类型（图4-3）：

（1）步行足［图4-3（a）］：为昆虫中最常见的一类足，适于行走。如蝗虫的前足。

（2）跳跃足［图4-3（b）］：腿节特别发达，胫节一般细长，当股节肌肉收缩时，折在腿节下的胫节又突然伸开而使虫体向前上方快速运动，如蝗虫、跳甲、跳蚤的后足。

（3）捕捉足［图4-3（c）］：基节延长，腿节发达，腿节与胫节上多有相对的齿或刺而形成一个捕捉机构，如螳螂、猎蝽等捕食性昆虫的前足。

（4）开掘足［图4-3（d）］：较宽扁，腿节或胫节上具齿，适于挖土及拉断植物的细根。如蝼蛄等的前足。

（5）游泳足［图4-3（e）］：稍扁平，具较密缘毛，形如船桨，适于划水。如龙虱的足。

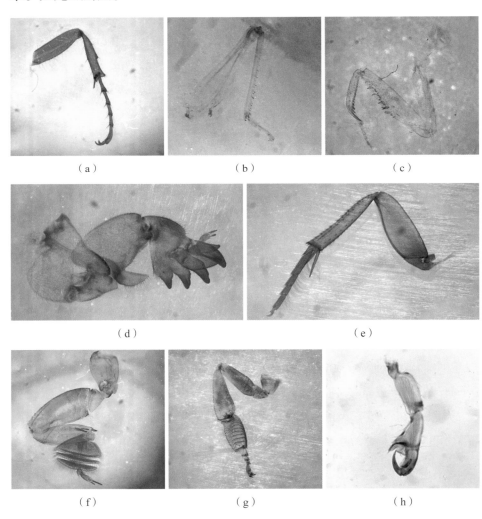

图4-3　足的主要类型

（a）步行足；（b）跳跃足；（c）捕捉足；（d）开掘足；
（e）游泳足；（f）抱握足；（g）携粉足；（h）攀缘足

（6）抱握足［图4-3（f）］：较粗短，跗节特别膨大，具有吸盘状构造，在交配时能挟持雌虫，如龙虱雄虫的前足。

（7）携粉足［图4-3（g）］：胫节宽扁，边缘有长毛，形成花粉篮；第1跗节膨大，内侧具花粉刷。如蜜蜂的后足。

（8）攀缘足［图4-3（h）］：各节较粗短，胫端部具1个指状突，与跗节及呈弯爪状的前跗节构成一个钳状构造，能牢牢夹住人、畜的毛发。如虱类的足。

2. 翅

昆虫的翅为膜质，多为三角形。在翅展开时，朝向前面的边缘叫前缘，朝向后面的边缘叫后缘或内缘，朝向外面的边缘叫外缘。与身体相连的一角叫肩角，前缘与外缘所成的角叫作顶角，外缘与后缘所成的角叫作臀角。多数昆虫的翅为膜质的薄片，根据翅的折叠形态可将翅面划分为臀前区和臀区。有的昆虫在臀区的后面还有一个轭区。翅的基部则称为腋区。

1）假想脉序

昆虫翅的两层薄膜之间常有纵、横走向的翅脉。翅脉在翅面上的分布形式称为脉序或脉相。脉序在不同类群间变化很大，但在相同科、属内有比较固定的形式，因此常常被作为分类的依据。翅脉命名有八种不同的系统，图4-4是国际上常用的假想脉序模式（仿Ross）。主要纵脉有前缘脉

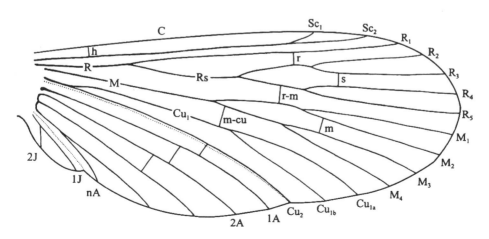

图4-4　假想脉序模式（仿Ross）

（Costa, C）、亚前缘脉（Subcosta, Sc）、径脉（Radius, R）、中脉（Media, M）、肘脉（Cubitus, Cu）、臀脉（Anal vein, A）、轭脉（Jugal vein, J）；主要横脉有肩横脉（humeral crossvein, h）、径横脉（radial crossvein, r）、分横脉（sectorial crossvein, s）、径中横脉（radiomedial crossvein, r-s）、中横脉（medial crossvein, m）、中肘横脉（mediocubital crossvein, m-cu）。通常，纵脉与横脉所围成的区域叫翅室。

2）翅的连锁

鳞翅目和膜翅目等以前翅为主要飞行器的昆虫，后翅一般不太发达，飞行时必须将后翅以某种形式挂在前翅上，才能保持前、后翅行动一致。

翅的连锁类型主要有以下几种：

（1）翅抱型又叫翅肩型、膨肩型、贴接型等：后翅前缘基部加宽，并多在亚前缘脉上连有1至数条肩横脉来加强翅基部的强度，飞行时靠空气压力等将前、后翅连在一起。

（2）翅轭型：前翅基部轭区向后延伸出呈指状突起，即轭叶或翅轭，飞行时伸到后翅前缘下面夹住后翅。

（3）翅缰型：后翅前缘基部发生1或数根硬刚毛，前翅后缘腹面具钩。飞行时，前、后翅间以翅缰与翅钩连接。

（4）翅褶型：通过前翅或后翅或两者同时具有的褶及相应构造把前、后翅连锁起来的。

（5）翅嵌型：前翅腹面爪片的端部具一个夹状构造，此夹状构造具长短、多少不一的指形小突；后翅前缘中部向上弯曲并加厚似铁轨状，飞行时嵌入前翅的夹状构造中。

3）翅的类型

（1）膜翅：膜质，薄而透明，翅脉明显可见，为昆虫中最常见的一类翅，如蜻蜓，草蛉，蜜蜂的前、后翅，蝗虫，甲虫的后翅等。

（2）鳞翅：膜质，因密被鳞片外观多不透明，如蝶、蛾的翅。

（3）缨翅：膜质透明，脉退化，翅缘具缨状长毛，如蓟马的翅。

（4）覆翅：革质，多不透明或半透明，主要起保护后翅的作用，如蝗虫和螳螂的前翅。

（5）鞘翅：全部骨化，坚硬，如天牛的前翅。

（6）半翅：基部革质，端部膜质，如九香虫的前翅。

（7）毛翅：膜质，翅面与翅脉被很多毛，多不透明或半透明，如毛翅目昆虫的翅。

（8）平衡棒：呈棍棒状，能起感觉与平衡体躯的作用，如双翅目昆虫的后翅。

（三）腹部

昆虫的腹部由11个体节和尾节组成。大多数昆虫腹部的节数有减少的现象。每个腹节由背板和腹板组成。雌性的1～7个腹节和雄性的1～8个腹节称脏节，其构造简单而一致，两侧常各具一气门。雌性的第8、9个腹节和雄性的第9个腹节称生殖节，生殖节后的腹节称生殖后节。末节常有1对尾须，由于肛门位于此节的末端，故该节所具背板称为肛上板，侧腹面的一对侧叶称肛侧板。雌性的外生殖器叫产卵器，主要由3对分别着生在第8个腹节和第9个腹节的产卵瓣所组成。雄性的外生殖器叫交配器，位于第9个腹节的腹面。

第二节　分类检索表

分类检索表是鉴定昆虫种类的必要工具，它广泛应用于各分类阶元的鉴定。学习和研究昆虫分类，必须熟练掌握检索表的使用方法。

为方便读者使用，本书提供天目山常见灯下昆虫的分目检索表及分科检索表。

一、天目山常见灯下昆虫分目检索表

3. 腹部末端无尾须 4
   腹部末端有长或短的尾须 7

4. 腹部第1节并入后胸，第1节和第2节之间紧缩或成柄状 ....
   .... 膜翅目 Hymenoptera
   腹部第1节不并入后胸，也不紧缩 5

5. 后翅基部宽于前翅，有发达的臀区；头为前口式 ....
   .... 广翅目 Megaloptera
   后翅基部不宽于前翅，无发达的臀区；头为下口式 6

6. 头部长，前胸圆筒形并不很大，前足正常，雌虫有伸向后方的针状产
   卵器 .... 蛇蛉目 Rhaphidioptera
   头部短，前胸一般不很大，如很长则前足为捕捉足（螳螂），雌虫一
   般无针状产卵器，如有则弯在背上向前伸 ....
   .... 脉翅目 Neuroptera

7. 尾须细长、多节（或有中尾丝），后翅很小 ....
   .... 蜉蝣目 Ephemeroptera
   尾须短，不分节或2节，后翅与前翅形状大小相似 8

8. 口器明显延长呈"喙"状 .... 长翅目 Mecoptera
   口器不延长 .... 蜻蜓目 Odonata

9. 前翅为鞘翅 .... 鞘翅目 Coleoptera
   前为覆翅（蜚蠊、直翅目、螳螂目） 10

10. 前足为捕捉足；头倒三角形，可自由活动 .... 螳螂目 Mantodea
    前翅非鞘翅，头无法自由活动 11

11. 跗节4节以下，后足为跳跃着或前足为开掘足 ....
    .... 直翅目 Orthoptera
    跗节5节以下，后足非跳跃着，前足也非开掘足 ....
    .... 蜚蠊目 Blattaria

12. 翅面密被鳞片，口器为虹吸式 .... 鳞翅目 Lepidopter
    翅面无鳞片，口器非虹吸式 13

13. 口器为刺吸式，后翅为膜翅 .... 半翅目 Hemiptera
    口器非刺吸式，后翅特化为平衡棒 .... 双翅目 Diptera

二、天目山常见灯下昆虫分科检索表

（一）螳螂目成虫分科检索表

1. 头顶中央有较大的锥状突出 .... 长颈螳科 Vatidae
   头顶中央无锥状突出 2
2. 前足胫节外列刺呈倒伏状 .... 花螳科 Hymenopodidae
   前足胫节外列刺呈直立状 .... 螳科 Msntidae

（二）直翅目成虫分科检索表

1. 前足开掘足，后足步行足 .... 蝼蛄科 Gryllotapidae
   前足步行足，后足跳跃足 .... 螽斯科 Tettigoniidae

（三）半翅目成虫分科检索表

1. 前翅为半鞘翅 2
   前翅为膜翅 5
2. 前足为捕捉足 3
   前足为步行足 4
3. 腹部末端具可伸缩的呼吸管，明显短于体长 .... 蝎蝽科 Nepidae
   腹部末端的呼吸管不可伸缩，几乎与体等长 ....
   .... 负蝽科 Belostomatidae
4. 体暗色；具单眼 .... 兜蝽科 Dinidoridae
   体鲜红色而有黑斑，无单眼 .... 红蝽科 Pyrrhocoridae
5. 单眼3个 .... 蝉科 Cicadidae
   单眼2个或缺失 6
6. 前翅宽大，常覆有蜡粉 .... 蛾蜡蝉科 Flatidae
   前翅窄长，无蜡粉 7
7. 后足胫节具1～2个侧齿，末端膨大 .... 沫蝉科 Cercopidae
   后足胫节有3～4列刺毛列，末端不膨大 .... 叶蝉科 Cicadellidae

（四）脉翅目成虫分科检索表

1. 触角丝状 .... 草蛉科 Chrysopidae
   触角棒状 2

2. 触角短，仅等于头和胸之和 .... 蚁蛉科 Myrmeleontiidae

触角长，远长于头和胸之和 .... 蝶角蛉科 Ascalaphidae

（五）鞘翅目重要科成虫分科检索表

1. 腹部第 1 节腹板被后足基节窝所分割，左右各成为三角形片，中间
不相连；前胸背板与侧板间无明显的分界线；下颚外叶须状；肉食性
（肉食亚目 Adephaga）.. 2

腹部第 1 节腹板完整，中间不被后足基节窝所分割，前胸背板与侧板间
有明显的分界线；下颚外叶非须状；杂食性（多食亚目 Polyphaga）.......
.... 3

2. 触角着生于上颚基部的额区，两触角间的距离小于上唇的宽度 ....
.... 虎甲科 Cicindelidae

触角着生于上颚基部与复眼之间，两触角间的距离大于上唇的宽度 ......
.... 步甲科 Carabidae

3. 触角端部数节（3 ～ 7 节）呈鳃片状 4

触角非鳃片状 9

4. 触角 11 节 .... 粪金龟科 Geotrupidae

触角 8 ～ 10 节 5

5. 前胸背板很宽，两侧极度向外扩展，侧缘有深密锯齿；前足特别发
达、伸长，至少与体长相当 .... 臂金龟科 Euchiridae

不同时具有以上特征 6

6. 唇基侧面收缩，从而触角基节背面可见 .... 花金龟科 Cetoniidae

触角基节背面不可见 7

7. 中、后足的爪大小不相当，能活动 .... 丽金龟科 Rutelidae

中、后足的爪大小相当，不能活动 8

8. 上颚多多少少外露而于背面可见，前胸胸腹板从基节间生出柱形、三
角形和舌形等垂突 .... 犀金龟科 Dynastidae

不同时具有以上特征 .... 鳃金龟科 Melolonthidae

9. 触角锤状或棒状 .... 埋葬甲科 Silphidae

触角非锤状或棒状 10

10. 复眼呈肾形环绕触角 .... 天牛科 Cerambycidae
　　复眼非肾形 11

11. 触角丝状或锯齿状 12
　　触角非丝状或锯齿状 13

12. 头前口式；前胸背板后角锐刺状 .... 叩甲科 Elateridae
　　头下口式；前胸背板无后角锐刺状 .... 芫菁科 Meloidae

13. 触角端部数节呈栉状，雄虫上颚极发达，无喙 .... 锹甲科 Lucanidae
　　触角端部不为栉状，上颚不发达，喙显著 14

14. 触角端部多膨大；跗节 5—5—5 式 .... 象甲科 Curculionidae
　　触角端部无明显膨大；跗节 4—4—4 式 .... 三锥象甲科 Brenthidae

（六）鳞翅目蛾类分科检索表

1. 后翅无 1A 2
　　后翅有 1A 13

2. 前翅 M_2 基部近于 M_3，远于 M_1 3
　　前翅 M_2 基部在 M_1 与 M_3 的中央或近于 M_1 10

3. 后翅基部无翅缰 .... 枯叶蛾科 Lasiocampidae
　　后翅基部有翅缰 4

4. 后翅 $Sc+R_1$ 脉退化，故中室前缘无翅脉 .... 鹿蛾科 Amatidae
　　后翅 $Sc+R_1$ 脉存在，故中室前缘有翅脉 5

5. 后翅 $Sc+R1$ 与 Rs 彼此不连接 6
　　后翅 $Sc+R1$ 与 Rs 有一段相连接 8

6. 后翅 $Sc+R_1$ 与 Rs 在中室前缘由一斜脉相连 .... 天蛾科 Sphingidae
　　后翅 $Sc+R_1$ 与 Rs 彼此不连接 7

7. 前翅 R_2、R_3、R_4、R_5 共柄 .... 钩蛾科 Drepanidae
　　前翅 R_2、R_3、R_4、R_5 分离，不共柄 .... 网蛾科 Thyrididae

8. 后翅 $Sc+R_1$ 与 Rs 在中室中部或后部相并接或很接近，喙极退化 ....
　　... 毒蛾科 Lymantriidae
　　后翅 $Sc+R_1$ 与 Rs 在中室基部并接，或一直并接至中部或端部 9

9. 后翅 $Sc+R_1$ 与 Rs 在中室基部并接 .... 夜蛾科 Noctuidae

后翅 Sc+R$_1$ 与 Rs 在中室基部并直接延到中部或端部 ....
.... 灯蛾科 Arctiidae

10. 后翅 Sc+R$_1$ 与 Rs 彼此不连接，无翅缰 .... 大蚕蛾科 Saturniidae
后翅 Sc+R$_1$ 与 Rs 连接或十分接近或由一小斜脉相连 11

11. 后翅 Sc+R$_1$ 与 Rs 在中室前缘由一小斜脉相连 ....
.... 天蛾科 Sphingidae
后翅 Sc+R$_1$ 与 Rs 直接连接，或十分靠近 12

12. 后翅 Sc+R$_1$ 与 Rs 在中室基部附近并接 .... 尺蛾科 Geometridae
后翅 Sc+R$_1$ 与 Rs 并接至中室中部或与中室前缘平行而十分靠近 ....
.... 舟蛾科 Notodontidae

13. 后翅 A 脉有 2 条 .... 箩纹蛾科 Brahmaeidae
后翅 A 脉有 3 条 14

14. 后翅 Sc+R$_1$ 脉和 Rs 基部分离或沿中室基半部短距离合并 ....
.... 刺蛾科 Limacodidae
后翅 Sc+R$_1$ 脉和 Rs 脉在中室前相平行或在中室外接近或接触 ....
.... 螟蛾科 Pyralidae

（七）膜翅目成虫分科检索表

1. 触角膝状，后足携粉足 .... 蜜蜂科 Apidae
触角长棒状，后足步行足 .... 三节叶蜂科 Argidae

第三节　天目山常见灯下昆虫分类

正确地识别昆虫种类是开展昆虫研究的前提和保障。在开始鉴定昆虫之前，我们首先要掌握正确的分类方法。利用检索表等工具书，依据物种的分类特征，按照目、科、属、种的顺序逐级进行分类，最终鉴定物种。

本书根据在天目山保护区内灯诱的昆虫标本鉴定结果，结合相关文献，共记述天目山灯下昆虫 14 目 53 科 257 种，并在书中附彩图以辅助鉴定。

一、蜉蝣目Ephemeroptera

体小至中型，细长，体壁柔软。复眼发达，单眼3个；触角短，刚毛状；口器咀嚼式，但上、下颚退化。翅膜质，翅脉原始，呈网状，多纵脉和横脉；前翅大，三角形；后翅退化，明显小于前翅；翅不能折叠，休息时翅竖立在身体背面。雄虫前足延长，用于在飞行中抓住雌虫。腹部末端两侧着生1对长的丝状尾须，部分种类具1根长的中尾丝。

等蜉科 Isonychiidae

体深红色至褐色，且常具色斑，体呈流线型，背腹厚度大于宽度。触角长度大于头宽的两倍；口器各部分密生细毛，下颚基着生1簇丝状鳃，前足的基节内侧也着生1簇丝状鳃，腿节和胫节内侧具长而细的毛，前足胫节端部内侧常常延伸成刺状；具7对鳃，分为2个部分，背鳃单片状，腹鳃呈丝状位于第1～7个腹节的背侧面；尾丝3根，粗大，且中尾丝短于两侧尾丝，中尾丝的两侧和2根尾须的内侧密生长细毛。

江西等蜉 *Isonychia kiangsinensis* Hsu（图4-5）

图4-5　江西等蜉

特征：雄虫体长 13.0 ～ 13.5 mm。体淡红褐色。复眼大，淡灰色，几乎占据整个头部；单眼突出，中单眼仅为侧单眼的 1/2 大小。胸部背板淡红色，前胸背板有暗淡红褐色边缘，前缘常被复眼遮住，后缘有深的凹陷。翅白色，翅痣区灰白色，CuA 脉区有 4 个分支和 2 个不分支的脉伸向翅缘，MA 脉在翅中央以后分叉。前足基节、转节、腿节和胫节呈淡红褐色，跗节淡黄色，第 1 个跗节的末端为淡褐色，跗节比胫节稍长；中、后足淡黄色或灰白色，跗节几乎与胫节等长。腹部背面淡红褐色，各节背板后缘暗淡红色，腹面淡黄色。生殖器淡褐色。尾须淡黄褐色，中尾丝很短且退化。

分布：浙江（天目山）、江西、福建、广西。

二、蜻蜓目 Odonata

体中至大型，细长，体壁坚硬，色彩艳丽。头大，能活动；复眼极其发达，单眼 3 个；触角短，刚毛状；口器咀嚼式。前胸小，中后胸极大，并愈合成强大的翅胸；翅 2 对，狭长，膜质透明，前、后翅近等长，翅脉网状，有翅痣和翅结，休息时平伸或直立，不能折叠于背上；足细长。腹部细长，尾须 1 节；雄虫腹部第 2、3 节腹面有发达的次生交配器。

蜻科 Libellulidae

体小至中型。前缘室与亚缘室的横脉常连成直线，翅痣无支持脉，前翅三角室朝向与翅的长轴垂直，距离弓脉甚远，后翅三角室朝向与翅的长轴平行，通常其基边与弓脉连成直线，臀圈足形，具趾状突出和中肋。

1. 黄蜻 *Pantala flavescens* Fabricius（图 4-6）

特征：体长为 32.0 ～ 40.0 mm，身体赤黄至红色。头顶中央突起，顶端黄色，下方黑褐色，后头褐色。前胸黑褐，前叶上方和背板有白斑；合胸（中后胸合并）背前方赤褐，具细毛。翅透明，赤黄色；后翅臀域浅茶褐色。足黑色、腿节及前、中足胫节有黄色纹。腹部赤黄色，第 1 个腹节背板有黄色横斑，第 4 ～ 10 个腹节背板各具 1 个黑色斑。肛附器基部黑褐色，端部黑褐色。

分布：全国分布。

2. 竖眉赤蜻 *Sympetrum eroticum ardens* Maclachlan（图4-7）

特征：雄虫腹长为31.0～35.0 mm，后翅长为21.0～31.0 mm。成虫成熟前、后体色变化较大。未成熟时，上、下唇基及额鲜黄色，额具2个大型黑色眉斑；头顶黑色，具黄斑；复眼黄褐色；翅胸鲜黄色，沿翅胸脊具明显的"人"形褐纹，侧板第1个条纹完整，第2个条纹中断，第3个条纹中段细小；腹部鲜黄色。成熟时，上、下唇褐色，复眼黑褐色；翅胸暗褐色。翅透明，前、后翅肩橙黄色，翅痣褐色。足黑褐色，基节、转节及腿节内侧黄褐色。腹部赤红色，上肛附器上翘。

雌虫与未成熟的雄虫在体型和体色上相似。雌虫的生殖器先端形成环状。

分布：浙江（天目山）、河北、四川、福建、云南、贵州。

图4-6　黄蜻

图4-7　竖眉赤蜻

三、蜚蠊目 Blattaria

体中至大型，体阔而扁平，近圆形；前胸背板大，盖住头的大部分；触角长丝状；复眼发达，单眼退化；口器咀嚼式；在翅发达的种类中，两对翅均具很多横脉，前翅为覆翅，狭长，后翅膜质、臀区大；许多种类仅有翅芽状短翅或完全无翅；足步行3对，相似，跗节5节；腹部10节，具1对多节的尾须。

姬蠊科 Blattelllidae

体小型。头部具较明显的单眼，唇基缝不明显。前胸背板和前翅无点刻；前翅Sc脉缺失或不分叉，后翅CuA脉分支朝翅端方向延伸。中足和后足腿节腹面前、后缘具类似的刺；雄性下生殖板不对称；雌性下生殖板缺裂。

日本姬蠊 *Blattella nipponica* Brumner vor Wattenwyl（图4-8）

图4-8　日本姬蠊

特征：体小型，黄褐色。头小，复眼黑色，复眼间距略宽于单眼间距。前胸背板黄褐色，近梯形，后缘宽圆，中域具2条黑褐色纵带，条带两端向内弯曲。前和后翅发育完全，翅稍超出腹部末端，后翅R脉分支端部稍膨大，CuA脉具1根完全的分支。前足股节前腹缘刺为A3型，后足跗节基节约等长于其余节之和，具跗垫，爪对称，具中垫。第7个腹节背板特化明显，第8个腹节背板具中隆脊。雄性肛上板狭长，舌状，超过下生殖板端部。尾须较长。下生殖板不对称，后缘左侧斜凹。腹突不对称，左腹明显大于右腹突。雌性肛上板近三角形，端部角形突出，具中脊。下生殖板宽大，后缘宽圆。

分布：河南、陕西、江苏、上海、安徽、浙江、江西、福建、四川、湖南、贵州、云南；日本（本州、四国、九州），韩国。

四、螳螂目 Mantodea

体中至大型。头大，倒三角形，爱活动；触角长，丝状；口器咀嚼式。前胸极长，前足捕捉式，基节很长，胫节可折嵌于腿节的槽内，状如铡刀，中、后足为步行足；前翅为覆翅，后翅膜质，臀区大；后胸上有听器；尾须1对。

（一）螳科 Mantidae

体中至大型。头部倒三角形，可自由转动；复眼大而明亮，触角细长。体呈黄褐色、灰褐色或绿色。胸部具有翅2对、足3对；前胸细长，前足为1对粗大呈镰刀状的捕捉足。

1. 中华大刀螳 *Tenodera Sinensis* Saussure（图4-9）

特征：体大型，暗褐色或黄绿色。头倒三角形，复眼大而突出。前胸背板前端略宽于后端，前端两侧具有明显的齿列，后端齿列不明显，前半部中纵沟两侧排列有许多小颗粒，后半部中隆起线两侧的小颗粒不明显。前翅前缘区较宽，革质；后翅长，略超过前翅的末端，全翅布有透明斑纹。足细长，前足基节长度超过前胸背板后半部的2/3，基节下部外缘有16根以上的短齿列，前足腿节下部外线有刺4根，等长；下部内线有刺15～17根，中央有刺4根。雌虫腹部较宽。

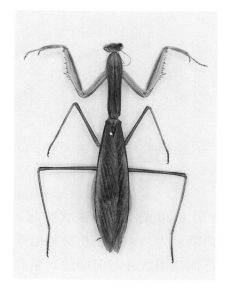

图4-9　中华大刀螳

分布：浙江（天目山）、江苏、福建、湖南、广东、海南、四川、贵州、广西、云南、西藏；东南亚地区。

2. 勇斧螳 *Hierodula membranacea* Burmeister（图4-10）

特征：体绿色，前胸背板侧缘或多或少变暗。前足基节缺疣突，具7～9枚较小的刺，前足基节和转节端部无黑斑，腿节与转节相接处有个黑点，前足股节内侧爪沟处无黑斑，前足转节向后伸时，其位置一般不超过前胸背板后缘。雄性前翅中域透明，雌性前翅超过腹端。

分布：浙江（天目山、古田山）、安徽、福建、湖南、四川、广西、西藏；印度、斯里兰卡。

图4-10　勇斧螳

（二）花螳科Hymenopodidae

头顶光滑或具锥状突起。前足腿节具3或4枚中刺，4枚外列刺，内列刺为一大一小相交替地排列；前足胫节外列刺排列较紧密，刺端弯曲或倒伏并与前面的刺紧靠；中、后足腿节较光滑或前、后缘具叶状突起。

1. 中华原螳*Anaxarcha sinensis* Beie（图4-11）

特征：体长37.0～40.0 mm，小型螳螂，体淡绿色。头顶明显凹陷，具4条绿色纵纹线，两侧的纹线较长。额盾片横行，上缘具尖齿。前胸背板细小，呈绿色，两侧缘黄色，具黑色细齿。前翅直长，中域不透明；后翅基半淡红色，中域部分具红色斑，横脉白色呈网状。前足胫节黄橙色，内列刺13枚。肛上板横行，尾须细长，锥状。

分布：浙江、湖南、四川、贵州、广东、广西。

2. 日本姬螳*Acromantis japonica* Westwood（图4-12）

特征：体长25.0～35.0 mm，体型纤细；体绿色至黑褐色，中、后足绿色，但具褐色斑纹。头顶刺突明显，复眼直径小于颊的长度。其前胸背板和前胸腹板有明显的刺；前胸背板两侧中部向外凸出较强烈。前翅褐色具数条黑色斜纹，其中4条较明显；翅长于腹端，缘内凹或平截。

分布：浙江（天目山）、福建、湖南、广东、海南；日本、印度尼西亚。

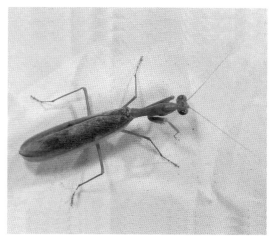 

图4-11　中华原螳　　　　　　　　　图4-12　日本姬螳

（三）长颈螳科 Vatidae

头顶中央具较大的锥状突起，触角呈丝状。前足腿节具3～4枚中刺，4枚外列刺，前足腿节内列刺的排列为1大刺与1小刺相交替；中、后足腿节或胫节具1～8个隆脊或叶状突起，或胫节基半部明显膨胀。尾须锥状或端节略膨大。

中华屏顶螳 *Phyllothelys sinensis* Ouchi（图4-13）

特征：体长41.0～60.0 mm。头顶具1个长屏状突起，端部圆弧形。前翅灰褐色，唯臀域最基部为淡黄色；后翅基半部均为淡黄色，仅侧后缘为灰褐色。中、后足腿节内缘基部具小的齿状叶突，端部具较大的扇形叶突。

分布：浙江、福建、江西、广西。

图4-13　中华屏顶螳

五、直翅目 Orthoptera

体小至大型。口器为典型的咀嚼式。前胸背板发达，常向侧下方延伸盖住侧区，呈马鞍状。翅通常2对，前翅窄长，为覆翅，后翅膜质，扇形，翅脉直。尾须发达，雌虫具发达的产卵器；雄虫多数能发声。前足胫节或腹部第1节常有鼓膜听器。

（一）蝼蛄科 Gryllotalpidae

体中至大型，狭长。头小，圆锥形；复眼小而突出，单眼2个；口器前口式。前胸背板椭圆形，背面隆起如盾，两侧向下伸展，几乎把前足基节包起。雄性通常具有发声器。前足开掘足，其内侧有1裂缝为听器。产卵瓣缺退化。

东方蝼蛄 *Gryllotalpa orientalis* Burmeister（图4-14）

特征：体灰褐色，全身密布细毛。头圆锥形，触角丝状。前胸背板卵圆形，中间具1个暗红色长心脏形凹陷斑。前翅灰褐色，较短，仅达腹部中部；后翅扇形，较长，超过腹部末端。前足为开掘足，后足胫节背面内侧有4个距，内侧具封闭式听器。腹末具1对尾须。

分布：浙江（天目山）、黑龙江、吉林、辽宁、内蒙古、青海、河北、北京、天津、山东、江苏、上海、江西、湖北、湖南、福建、广东、海南、广西、四川、贵州、云南、西藏；俄罗斯、朝鲜、韩国、日本、菲律宾、印度尼西亚、尼泊尔。

图4-14 东方蝼蛄

（二）螽斯科 Tettigoniidae

体小至大型。头为下口式，卵圆形或圆锥形；触角窝周缘强烈隆起，触角丝状，长于体长。前足胫节基部和前胸侧部具听器；跗节4节。雄性前翅基部具发音器，Cu_2脉发育完好。尾须较粗短和坚硬；产卵瓣发达，通常具6瓣。

1. 黑胫钩额螽 Ruspolia lineosa Walker（图4-15）

特征：体中至大型；体通常绿色，有的个体黄褐色。头顶短，宽大于长，顶端钝圆，腹面具齿，与颜顶相接；颜面散布零星刻点；复眼卵形。前胸背板密布褶皱状粗刻点，前缘较直，后缘钝圆，具侧隆线；肩凹明显。前胸腹板具1对长刺。前足基节具1枚刺，前足股节腹面内缘具2或3枚粗短的刺，外缘缺刺，股节内、外膝侧片端部角形，末端尖；前足胫节内、外侧听器均为封闭式，呈裂缝状。后足股节内、外侧膝叶端部刺状；后足胫节具1对背端距和2对腹端距。前翅超过后足股节末端，端部钝圆，略呈截形；雄性左前翅发声区不透明，后翅稍短于前翅。雄性第10个腹节背板略延长，后缘具三角形凹口，两侧缘三角形，末端较尖；尾须较粗壮，基半部圆柱形，端部具2枚向内侧弯曲的刺，腹刺长于背刺；下生殖板长方形，基部微凹，中隆线较明显，后缘具浅的"V"形凹口；雌性尾须呈长圆锥形，端部尖；产卵瓣长，较直。下生殖板近于梯形，后缘具弧形凹口。

图4-15　黑胫钩额螽

黄褐色个体前足、中足胫节和跗节侧面黑褐色，背面与腹面黄褐色；后足胫节与跗节褐色；足股节两侧和前翅后缘黑褐色，前胸背板侧片背缘黑褐色。雄性尾须刺的端部黄褐色。

分布：浙江、陕西、河南、上海、安徽、江西、湖北、湖南、福建、台湾、广东、广西、四川、重庆、云南、西藏；韩国、日本。

2. 日本纺织娘 *Mecopoda niponensis* Haan（图4-16）

特征：体大型，较粗壮。体绿色，有的个体褐色。头短，头顶极宽，宽约为触角第1节的3倍，颜面近于垂直；复眼相对较小，卵圆形。前胸背板背面较平坦，3条横沟明显，沟后区显著扩展；侧片高大于长；雄性前胸背板侧片

图4-16　日本纺织娘

背缘黑褐色；前胸腹板具1对短刺，其基部远离。前翅散布一些黑色或褐色，雄性前翅发声区通常为淡褐色。前翅稍超过后足股节末端，雄性前翅较宽，长不及宽的3.5倍，发声区几乎占前翅长的1/2；后翅短于前翅。前足基节具1枚刺，足股节腹面具刺；前足胫节内、外侧听器均为开放式。雄性第10个腹节背板后缘浅凹入；尾须较粗壮，近端部向内弯，末端具2个齿；下生殖板狭长，基部较窄，后缘具较深的三角形凹口，腹突着生于下生殖板端部两侧。雌性尾须圆锥状；产卵瓣长而直，背、腹缘光滑，端部尖。下生殖板近于三角形，基部软宽，两侧缘微凹，后缘平截或微凹。

分布：浙江、四川、重庆、广西、江西、湖南、贵州、福建、安徽、江苏、上海、陕西；日本。

3. 中华半掩耳螽 *Hemielimaea chinensis* Brunner von Wattenwyl（图4-17）

特征：体中至大型，黄褐色。头暗褐色，头顶三角形，狭于触角第1节，背面具纵沟，与颜顶不相接；复眼球形，凸出。前胸背板背面暗褐色，圆凸，缺侧隆线；沟后区较平；侧片长稍大于高，肩凹不明显。前

图4-17 中华半掩耳螽

翅相对较宽，超过后足股节端部，端部钝圆；R脉3个分支，Rs脉从R脉中部分出，分叉；横脉排列较规则，与纵脉近于垂直；后翅长于前翅。前足基节缺刺；足股节腹面均具刺，膝叶端具2枚刺；前足胫节内侧听器为封闭式，外侧听器为开放式。雄性第10个腹节背板稍延长，后缘内凹；尾须长，向内弯曲，近端部稍膨大，末端刺状；肛上板长舌形；下生殖板延长，端部裂成2叶，近90°向背方弯曲，末端尖，指向外侧；阳茎骨片狭长、具齿，侧面观呈波浪形。

雌性尾须长，锥形。下生殖板较宽，后缘具深的角形凹口，两侧叶三角形，外缘具或不具尖突。产卵瓣短，显著向背面弯，背、腹缘具钝的细齿，基部瓣间叶具小突。

分布：浙江（天目山、凤阳山、安吉、开化、丽水、庆元）、安徽、江西、湖北、湖南、福建、台湾、广东、海南、广西、四川、重庆、贵州、西藏。

4. 细齿平背螽 *Isopsera denticulata* Ebner（图4-18）

特征：体中型，体长20.0～25.0 mm；体绿色，雄性尾须端部齿为褐色。头顶末端钝，狭于触角第1节，与颜顶不相接，背面具纵沟。前胸背板背面平，具侧隆线；侧片高大于长，后缘钝圆，肩凹较明显。前翅超过后足股节末端，中部稍阔，端部钝圆，具光泽，半透明；Rs脉从R脉中部之前分出，分叉；后翅长于前翅。前足基节具1枚刺；前足股节腹面内缘具3～4枚刺，胫节背面外缘具1枚端刺；中足股节腹面外缘具4～5枚刺，后足股节腹面内缘具5枚刺，外缘具7枚刺，后足股节膝叶端具2枚刺。前足胫节内、外侧听器均为开放式。雄性第10个腹节背板稍延长，后缘平截，背面中央下凹；肛上板三角形；尾须细长，圆柱形，向内弯，末端具细齿；下生殖板狭长，端叶呈圆柱形，腹突细长。雌性尾须圆锥

图4-18　细齿平背螽

形。下生殖板近三角形，端部钝圆。产卵瓣较长，向背方弯曲，约为前胸背板长的2倍，背缘和腹缘具较钝的细齿。

分布：浙江（天目山、凤阳山、安吉、开化、丽水、庆元）、甘肃、陕西、安徽、江西、湖北、湖南、福建、广东、广西、四川、重庆、贵州；日本。

六、半翅目Hemiptera

胸喙亚目，颈喙亚目，异翅亚目，同翅亚目昆虫的总称。小至大型。头后口式，口器刺吸式。翅膜质或半鞘质。形态变化大。

（一）蝉科Cicadidae

体中至大型，触角刚毛状，单眼3个，前翅膜质、透明，翅脉发达，腿节常具齿或刺；后足腿节细长，不会跳，雄蝉腹基部有发达的发音器；雌蝉产卵器发达。

1. 斑透翅蝉 *Oncotympana maculaticollis* Motschulsky（图4-19）

特征：体长30.0～36.0 mm，较粗壮。体色主要为黑色和绿色，胸部和腹部部分区域有白色蜡粉覆盖。复眼大，暗褐色；单眼3个，红色，排列于头顶呈三角形；喙长超过后足基节，端达第1个腹节。头胸部略长于腹部，前胸背板近梯形，后侧角扩张呈叶状，宽于头部和中胸基部，背板上有5个长形瘤状隆起，横列。中胸背板前半部中央，具"W"形凹纹。翅透明；前翅具4个烟褐色斑点排成一列，横脉上有暗褐色斑点；后翅无斑纹。雄性腹部具发声器和听器；雌性无发声器，听器比雄性发达，腹瓣很小。

分布：浙江、北京、河北、辽宁、江苏、安徽、江西、山东、河南、湖北、湖南、四川、贵州、陕西、甘肃、新疆、台湾；日本、朝鲜、俄罗斯。

2. 黑蚱蝉 *Cryptotytmpana atrata* Fabricius（图4-20）

特征：体长38.0～48.0 mm。体黑褐色至黑色，有光泽，披金色细毛。头部中央和颊的上方有红黄色斑纹。复眼突出，淡黄色；单眼3个，呈三角形排列。触角刚毛状。中胸背面宽大，中央高突，有"X"形突起。翅透明，基部翅脉金黄色。前足腿节有齿刺。雄虫腹部第1～2节有鸣器，雌虫腹部有发达的产卵器。

图4-19　斑透翅蝉

图4-20　黑蚱蝉

分布：浙江、内蒙古、北京、河北、河南、山东、安徽、江苏、上海、湖北、湖南、福建、广东、海南、广西、四川。

3. 蟪蛄 *Platypleura kaempteri* Fabricius（图4-21）

特征：体长约46.0 mm。体灰褐色，体表被黄色细绒毛。头黑色，具绿色花纹；复眼大。前胸背板较宽扁，具黑色和绿色相间的斑纹。前翅整体棕褐色带浅色细绒毛，基半部不透明，端半部半透明，翅面具不透明的黑灰相间的斑纹。

分布：北至辽宁，南至广西、广东、云南、海南，西至四川，东至舟山群岛；苏联、日本、朝鲜、马来西亚。

图4-21 蟪蛄

4. 琉璃草蝉 *Mogannia cyanea* Walker（图4-22）

特征：体长15.0 ～ 18.0 mm。体蓝黑色，具蓝色光泽。头黑色，头冠强烈隆起，呈锥状。前翅基部为黑色半透明，其余透明，基半部翅脉为红色，向端半部逐渐过渡成黑色；后翅深褐色。

分布：中国南方地区。

图4-22　琉璃草蝉

（二）蛾蜡蝉科 Flatidae

体长5.0～40.0 mm。头顶前缘平截或锥形突出，额平坦或隆起；复眼位于头两侧，窄于前胸背板；单眼两个，位于复眼前方；触角刚毛状，着生于复眼下方。前胸背板一般宽大于长，前缘波状或圆形向前凸，锥状或脊状。中胸盾片大，盾形。前翅宽大，质地均匀，常覆盖有蜡粉；爪缝明显，有前缘膜，且密布横脉；翅基部有基室，一些横脉在翅的近外缘处前、后对齐连接起来，形成亚缘线。

碧蛾蜡蝉 *Geisha distinctissima* Walker（图4-23）

特征：体黄绿色。顶短，向前略突，侧缘脊状褐色；额长大于宽，有中脊，侧缘脊状带褐色；喙粗短，伸至中足基节；唇基色略深；复眼黑褐色，单眼黄色。前胸背板短，前缘中部呈弧形，前突达复眼前沿，后缘弧形凹入，背板上有2条褐色纵带；中胸背板长，上有3条平行纵脊及2条淡褐色纵带。前翅宽阔，外缘平直，翅脉黄色，脉纹密布似网纹；后翅灰白色，翅脉淡黄褐色。静息时，翅呈屋脊状。足胫节、跗节色略深。腹部浅黄褐色，覆白粉。

图 4-23　碧蛾蜡蝉

分布：浙江、江苏、江西、山东、上海、湖南、福建、广东、广西、海南、四川、贵州、云南。

（三）沫蝉科 Cercopidae

体小至中型，触角刚毛状；单眼2个，后足胫节有1～2个侧齿，末端膨大，有1～2列显著的冠刺。若虫能分泌泡沫，称为"泡泡虫"，其泡沫是由腹部第7、8节上的表皮腺分泌的黏液从肛门排出时混合空气而形成的。

黑斑丽沫蝉 *Cosmoscarta dorsimacula* Walker（图4-24）

特征：体长15.0～17.0 mm。头橘红色，颜面隆起，两侧有横沟。复眼黑褐，单眼黄色。前胸背板橘黄至橘红色，近

图 4-24　黑斑丽沫蝉

前缘有两个小黑点，后缘有两个近长方形的大黑斑。前翅大部分为橘黄或橘红色，其上有7块黑斑。后翅灰白色，翅脉从基部向端部由橘黄色过渡成褐色。身体腹面橘红色，中胸腹板黑色。

分布：浙江（天目山）、陕西。

（四）叶蝉科 Cicadellidae

体小至中型，体长3.0～12.0 mm。头部颊宽大，单眼2枚或缺失；触角多为刚毛状，少数线状；颜面额区和后唇基区之间无明显的界限形成额唇基区；前、后唇基明显分开；后足胫节通常具棱脊，棱脊上生有成列刺或毛，末端不膨大。

1. 华凹大叶蝉 *Bothrogonia sinica* Yang *et* Li（图 4-25）

特征：体长12.5～13.5 mm，黄绿色或橙黄色。头部颜斑多分为5块，顶板与冠斑均明显；前胸背板3块斑及背侧斑都明显，无前胸侧板斑。前翅黄绿色，端部黑色。足腿节全部黑色，胫节仅两端黑色。雄虫腹端部黑色；下生殖板向端部延伸。

分布：浙江（天目山）、河北、福建、江西、安徽、湖南、湖北、广东、广西、四川。

2. 橙带突额叶蝉 *Gunungidia aurantifasciata* Jacobi（图 4-26）

特征：体长15.0～17.0 mm。头胸部白色至褐色，头前部具1块黑色顶斑，头冠后部中央具1黑色冠斑，头冠两侧各具1块黑斑，颜面两侧各具1块黑色颊斑。前胸背板前缘域有4块黑斑，小盾片基侧角和顶角黑色。中胸

图 4-25　华凹大叶蝉　　　　图 4-26　橙带突额叶蝉

侧片具2块黑斑，1块位于近翅基部，另1块在前、中足之间。前翅乳白色，具多条橘黄色横带或横斑，足黄色。阳茎腹突基部延长，端部指向背方。

分布：浙江（天目山）、湖南。

（五）兜蝽科 Dinidoridae

体中至大型，椭圆形，黑褐色。触角4或5节，第1节稍超过头端，末端数节常侧扁；喙4节，伸达中足基节。小盾片不超过前翅长度的一半，端部较钝。前翅革质部完整，膜片纹网状或横脉数量较多。跗节常为3节，有的2节。

九香虫 *Aspongopus chinensis* Dallas（图4-27）

特征：体长17.0～22.0 mm，椭圆形，紫黑色，带铜色光泽。头部较黑，小，略呈三角形；复眼突出，呈卵圆形，位于近基部两侧；单眼橙黄色；喙较短；触角黑褐色，末节大部分黄褐色。前胸背板及小盾片较黑。前翅棕红色，膜区纵脉很密。腹面密布细刻及皱纹。

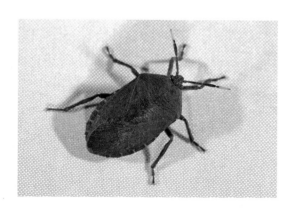

图4-27　九香虫

分布：除东北、西北外，全国均有分布。

（六）红蝽科 Pyrrhocoridae

体中至大型，椭圆形，多为鲜红色而有黑斑。头部平伸，无单眼；触角4节。前翅膜片上有多条纵脉，并具多分支而成不甚规则的网纹，基部形成2～3个翅室。后胸侧板无臭腺孔。腹部气门全部位于腹面。

小斑红蝽 *Physopelta cincticollis* Stal（图4-28）

特征：体长11.5～14.5 mm，长椭圆形，棕褐色，被半直立细毛。头顶暗棕色；喙暗棕色；触角黑色，第4节半部浅黄色。前胸背板除前缘和侧缘棕红色外，大部分暗棕色；前胸背板前叶微隆起，后叶具刻

图4-28　小斑红蝽

点；小盾片暗棕色。前翅革片顶角黑斑椭圆形，其中央黑斑具明显的刻点；前翅膜片暗棕色。腹部腹面节缝棕黑色；前足腿节稍膨大，其腹面近端部有2～3个刺。

分布：浙江、江西、陕西、江苏、湖北、江西、湖南、广东。

（七）蝎蝽科Nepidae

体大型，长筒或长椭圆形，深褐至灰褐色。头小，陷于前胸内。复眼球形，黑色；触角第2节或2、3两节有指状突起。前胸背板宽于头部。前足捕捉足；中、后足为步行足。腹部背隆起，末端的产卵瓣近似三角形；腹部末端具细长的接近体长的呼吸管。

日壮蝎蝽 *Laccotrephes japonensis* Scott（图4-29）

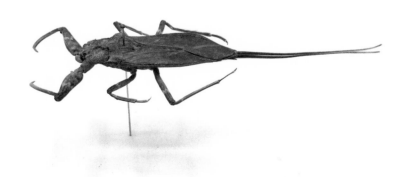

图4-29　日壮蝎蝽

特征：体大型，长大于30.0 mm，灰褐色到黑褐色。头小，宽明显大于长。复眼较大，黑褐色；触角第2节有指状突起。前胸背板缢缩明显，前叶两侧近乎平行。前足捕捉足，腿节腹面近基节处的指状突起尖锐显著。前胸腹板纵向中脊两端均具有明显突起。第8个腹节背板变形成为一对丝状长管，伸出于腹后，成为呼吸管，近体长。

分布：浙江（天目山）、江西、北京、天津、河北、江苏、贵州。

（八）负蝽科 Belostomatidae

体中至大型，卵圆形，宽扁，黄褐色到棕褐色。喙5节，短而强；触角前3节一侧具叶状突起，略呈鳃叶状。小盾片较大。前翅整个具不规则网状纹，膜片脉序亦呈网状。前足捕捉足，中、后足为游泳足。腹部第8个腹节背板变形成为可伸缩的呼吸管，短而扁。

印鳖负蝽 *Lethocerus indicus* Lepeletier *et* Servile（图4-30）

特征：体大型，赭黄色。头宽短，头顶隆起而且光滑。复眼大而突出，后缘有一列长毛。前胸背板缢缩明显，前叶中央区域隆起，前侧角较圆滑。前翅革区与膜区交界处呈波浪形弯曲。

分布：浙江（天目山）、云南、福建、广东、广西。

图4-30　印鳖负蝽

七、广翅目 Megaloptera

体中至大型。触角长；口器咀嚼式，许多种类雄虫上颚极长；复眼大。前胸背板宽大，呈方形；前翅大，后翅臀区扩大，翅脉网状，在翅缘不分叉。休息时翅平或呈屋脊状放置；跗节5节。无尾须。

齿蛉科 Corysalidae

头部短粗或扁宽，头顶三角形或近方形。复眼大，半球形，明显凸出；单眼3枚，近卵圆形；触角丝状、近锯齿状或栉状。唇基完整或中部凹缺；上唇三角形、卵圆形或长方形；上颚发达；内缘多具发达的齿；下颚须4～5节；下唇须多为3～4节。前胸四边形，常较头部细；中后胸粗壮。翅长卵圆形；翅脉显著，径脉与中脉间具翅疤。跗节5节，均为圆柱状。雄蛉腹端第9个腹节腹板发达；肛上板1对，发达；尾须卵圆形，发达；第10个生殖基节大多发达。雌蛉腹端生殖基节多具发达的侧骨片，端部多具细指状的生殖刺突。

1. 东方齿蛉 *Neoneuromus orientalis* Liu *et* Yang（图4-31）

特征：雄蛉体长35.0～55.0 mm。头部黄褐色；复眼后侧区具1块宽黑色纵带斑，有时纵斑向两侧扩展以致整个头顶几乎黑色；单眼间黑色，单眼前有横向扩展到触角基部的黑斑；触角黑色，但柄节和梗节黄褐色；后头近侧缘处黑色。胸部黄褐色。前胸背板两侧各具1块宽黑色纵带斑；前翅无色透明，仅顶角为极浅的褐色；除前缘横脉外，其余横脉两侧有褐斑，位于径横脉和翅中部横脉两侧的褐斑颜色较深，但有时全翅的褐斑退化消失；后翅无色，完全透明；足除胫节和跗节黑褐色、爪暗红色外，

图4-31 东方齿蛉

其余深褐色。腹部黑褐色。腹端第9个腹节背板完整，基缘弧形凹缺；第9个腹节腹板末端中央深凹，明显分成2叉；肛上板棒状，端半部明显膨大，末端略内弯；第10个生殖基节两侧臂较短，腹面观基缘梯形浅凹，端缘平直，两侧略向外延伸，中部两侧的突起短小，但明显突出，其上的指状侧突较短。

雌蛉体长40.0～57.0 mm，前翅长52.0～60.0 mm，后翅长45.0～53.0 mm。腹端肛上板腹面分成半圈形的2片；第9生殖基节膜质瓣状，其侧骨片刀状。

分布：浙江（天目山）、福建、广东、广西、四川、贵州；越南。

2. 花边星齿蛉 *Protohermes costalis* Walker（图4-32）

特征：雄蛉体长30.0～34.0 mm。头部黄褐色，无任何斑纹；中单眼横长，侧单眼远离中单眼；触角柄节和梗节黄色，鞭节黑褐色；口器黄色或黄褐色，上颚端半部黑褐色。胸部黄色。前胸背板近侧缘具2对黑斑；足黄色，胫节大部和跗节黑褐色，爪暗红色；前翅浅灰褐色，前缘横脉间充满褐斑，翅基部具1块大的淡黄斑，中部具3～4块淡黄斑，近端部1/3处

图4-32　花边星齿蛉

具1块淡黄色圆斑。腹部褐色；腹端第9个腹节背板近长方形，基缘弧形凹缺，端缘弧形隆突；第9个腹节腹板宽阔，中部明显隆起，侧缘几乎相互平行，端缘梯形凹缺，两侧各形成1个末端尖锐的三角形突起；肛上板短柱状，外端角略向外突伸，末端微凹且密生长毛，肛上板腹面内端角具1个近三角形的小突，其上具1个毛簇；生殖刺突基粗端细，具略向内背侧弯曲的爪；第10生殖基节拱形，基缘背中突稍隆起，端缘中央具1个小的三角形凹缺，并形成1对乳突状隆突，侧突指状，其端半部明显变细且向内弯曲。

雌蛉体长45.0～52.0 mm。腹端第8个生殖基节端缘明显突出，侧面观近三角形，腹面观端缘中央"U"形凹缺；第9个腹节背板侧面具1对极为发达的近卵圆形囊状突；肛上板侧面被尾须分成背、腹两叶，背叶侧面观近三角形，末端钝圆，腹叶侧面观近半圆形。

分布：浙江（天目山）、河南、安徽、江西、湖北、湖南、福建、台湾、广东、广西、贵州、云南。

3. 古田星齿蛉 *Protohermes gutianensis* Yang *et* Yang（图4-33）

特征：雄蛉体长28.0～31.0 mm，前翅长38.0～48.0 mm，后翅长35.0～41.0 mm。头部黄褐色，复眼后侧缘黑色，但有时头侧缘全为黑色，头顶两侧另具1对细长的黑色纵斑。中单眼横长，侧单眼远离中单眼。触角黑色，但柄节和梗节褐色。口器黄色，但上颚端半部黑色。前胸黄褐色，背板侧缘具1对较宽的黑色纵斑。足黑色，但基节和转节暗黄色，股节褐色，爪暗红色。前翅浅烟褐色，前缘横脉间具褐斑，翅基部具1块不明显的小淡黄斑，中部沿肘脉具2～4块淡黄斑，近端部1/3处无淡黄斑。腹部褐色；腹节背板近长方形，侧缘直，基缘梯形凹缺，端缘中央微凹；第9个腹节腹板宽大，近半圆形，中部明显隆起，端缘中央具窄长方形深凹，两侧各形成1个较大的近三角形

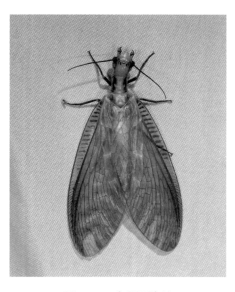

图4-33　古田星齿蛉

突起；肛上板短柱状，外端角明显向外突伸，末端内凹，其上密生长毛，肛上板腹面内侧近基部具1个小突，其上具1个毛簇；生殖刺突爪状，基粗端细，略向内背侧弯曲；第10个生殖基节拱形，基缘背中突梯形，端缘中央凹缺并形成1对近长方形的突起，侧突呈细长的指状，末端被短毛。

雌蛉体长40.0～45.0 mm。腹端第8个生殖基节端缘明显突出，侧面观近梯形，腹面观端缘弧形无凹缺；第9个腹节侧面具1对较小的近半圆形囊状突；肛上板侧面被尾须分成背、腹两叶，背叶侧面观呈粗大的指状，末端钝圆，腹叶侧面观近半圆形。

分布：浙江（天目山）、甘肃、河南、江西、湖南、福建、广东、广西、重庆、贵州。

4. 中华斑鱼蛉 Neochauliodes sinensis Walker（图4-34）

特征：雄虫体长19.0～35.0 mm。头部浅褐色至褐色。复眼褐色，单眼黄色，其内缘黑色，触角黑褐色，雄性触角栉状；口器黄褐色，但上颚端半部红褐色。前胸黄褐色，两侧多呈深褐色，中、后胸深褐色，但背板中央暗黄褐色。足黑褐色，密被褐色短毛。翅无色透明、具若干褐斑，翅痣长、淡黄色；前翅前缘域基部具1块褐斑，翅基部具少量小斑点，有的略连接，中横带斑窄而长，翅端部的斑色较浅，多横向连接。后翅与前翅斑型相似，但基半部无任何斑纹，中横带斑伸至肘脉。Rs前支的最后1个亚分支和Rs后支明显向后弯曲。腹部黑褐色。腹端肛上板侧面观近方形，背端角较圆，背面观端半部球形膨大。第10生殖基节腹面观呈舌形，基宽端细，基缘浅弧形凹缺，端缘微凹；第10生殖基节侧面观较粗，略向背面弯曲，中部较基半部略宽，末端缩尖。

雌蛉体长30.0～32.0 mm。腹端肛上板短棒状，基宽端细并斜向背面突伸，背端角略向后突出；第9个

图4-34 中华斑鱼蛉

生殖基节膜质瓣状，近长方形，斜向背面突伸，末端平截。

分布：浙江（天目山）、安徽、江西、湖北、湖南、福建、台湾、广东、广西、贵州。

八、蛇蛉目 Rhaphidioptera

体小至中型，体细长，多为褐色或黑色。头部长，后端逐渐狭缩，呈三角形。复眼发达，触角丝状，口器咀嚼式。前胸延长呈颈状，中、后胸宽短。翅脉网状，前、后翅相似。

盲蛇蛉科 Inocellidae

体细长，复眼大，无单眼，复眼后方头呈方形；前胸筒状。翅脉发达，网状；翅痣内无横脉。

中华盲蛇蛉 Inocella sinensis Navsas

特征：雄蛉体长 9.5 mm。头部近长方形，黑色，唇基黄色。触角淡黄色。胸部黑褐色，但中后胸小盾片黄色，其前方各具1块相连的黄斑。足黄色，股节端部及胫节色略深。翅无色透明，翅痣褐色。腹部黑褐色，生殖前节背、腹两面后缘具黄色横斑；生殖节淡黄色，第9个腹节背板淡褐色。腹端第9个生殖基节壳状，长略大于宽，内表面腹缘中部具一排鬃，生殖刺突位于内表面近端部，爪状，向前腹面突伸；阳基侧突完全，基部扁阔，端突细长钩状，末端微凹；殖弧叶较小，后面观近梯形，中部具1个端分叉的突起，腹侧角各具1个齿状突；伪阳茎短，背、腹两面各具1对毛簇。

雌蛉腹端第7个腹节腹板侧面观近梯形，后缘腹面观平截；下生殖片前半部弱度骨化，后半部骨化较强，近箭头状，但末端呈弧形。

分布：浙江（天目山）、福建。

九、脉翅目 Neuroptera

口器咀嚼式，位于头部下方；触多节；复眼发达。两对翅的大小、形状和翅脉均相似；翅膜质透明，有许多纵脉和横脉，多分支，翅脉呈网状；翅脉在翅缘二分叉。无尾须。

（一）蚁蛉科 Myrmeleontiidae

体中至特大型，狭长，黄色至黑色。触角短，仅等于头和胸部之和，其末端膨大呈棒状；翅窄长，翅痣下室极长；腹部细长。幼虫具长镰刀状上颚，体粗壮，后足开掘式，跗节与胫节愈合。

白云蚁蛉 *Paraglenurus japonicus* Mclachlan

特征：体长26.0～35.0 mm。头部黄褐色。触角细长，端部逐渐膨大，暗褐色，节间有淡色环；下颚须和下唇须黄褐色，细而短。胸部黄褐色，背面有褐色斑点；胸部侧面有褐色宽纵带。足黄褐色，散生许多小褐点，有长短不等的黑色刚毛；翅透明，翅脉褐色至黑色，纵脉上有一段短的黄色部分呈深浅间断的脉纹，翅痣白色。腹部暗褐色，各节有黄边。

分布：浙江（天目山）、河南、山东、江苏、安徽、湖北、福建、台湾、广西。

（二）草蛉科 Chrysopidae

体小至大型，多数种类草绿色。无单眼；触角细长丝状。翅脉复杂，有翅痣及缘叉；前缘区有30条以下的横脉列，Rs脉不分叉。幼虫称为蚜狮，蛆型，胸部和腹部两侧长有毛瘤，口器捕吸式。

松氏通草蛉 *Chrysoperla savioi* Navas（图4-35）

特征：体长10.0～12.0 mm；体绿色。头部额中央有1块"Y"形大黑斑，由触角间向上伸至头顶，下端与额唇基的三角形大黑斑相接。颚、唇须黑褐色。触角第1节较宽扁，黄色，内外两侧各具1块纵条黑斑；第2节褐色，其余为淡褐色。触角与前翅约等长。胸部中央为黄色纵带，两侧暗绿色。翅透明，狭长而端尖；痣绿色；内中室三角形，r-m位于其

图4-35　松氏通草蛉

外；翅脉皆绿色。腹部黄绿色，密生短黑毛。

分布：浙江（天目山）、北京、河北、安徽、江西、湖北、湖南、福建、香港、广东、广西、贵州、云南。

（三）蝶角蛉科 Ascalaphidae

体中至大型，较粗壮，黄色至黑色。头部短宽，复眼发达，其中部有时具一条横沟将复眼分为上、下两半，无单眼；触角球杆状，一般长于前翅长的1/2；翅长椭圆形、细长形或近三角形，无翅疤和缘饰，翅痣发达；Sc与R在端部愈合，前缘横脉不分叉，CuA分叉形成一片显著的大三角区，横脉密集且不规则排列。足短，胫节具端距；幼虫陆生，体扁，胸腹两侧具突起。

黄斑蝶角蛉 *Suphalomitus lutemaculatus* Yang

特征：雌蛉体长26.0～30.0 mm。头顶黑色，中部褐色，具褐色毛。触角褐色，各节端部具黑色窄环斑；膨大部黑色，具黑色短毛。胸部背面黑色，具稀疏的黑毛，中胸后缘和后胸后缘具1排白色长毛。前胸前、后缘具白色长毛。翅透明；翅脉黑色，具短黑毛；翅端区2排小室，翅痣褐色。足股节和跗节黑色，胫节黑褐色，股节具白色和黑色长毛。腹部背面黑色，具黑色短刚毛，两侧具褐色长毛，每节端部两侧红黄色横向细斑。腹部背板前3节黑色，侧面具纵向红黄色长斑，第4、5个腹节基部具红黄色窄边，第6个腹节具稀疏的白色长毛。第8生殖基节黑色，狭长，具黑色短毛；内齿深褐色，尖；第8生殖叶红褐色，后部愈合，前部叉状分开；第9个生殖基节褐色，具黑色刚毛；肛上板长片状，被黑色长毛，末端被黄褐色短毛。

分布：浙江（天目山）、湖南、福建。

十、鞘翅目 Coleoptera

口器咀嚼式，上颚一般发达；成虫触角多样，不超过11节；多数种类复眼发达。前翅强烈骨化、坚硬，为鞘翅；后翅膜质，休息时折叠于鞘翅下，翅脉减少；前胸背板发达，中胸仅露出三角形的小盾片。

（一）步甲科Carabidae

头前口式，比前胸窄；触角位于上颚基部与复眼之间；下颚无能动的齿；鞘翅表面具纵沟或刻点行。成虫后翅常退化，不能飞行，而仅能在地面行走，故称为步甲。

1. 拉步甲 *Carabus lafossei* Feisthamel（图4-36）

特征：体长42.0～47.0 mm。体色变异较大，一般头部、前胸背板绿色带金黄或金红光泽，鞘翅绿色，侧缘及缘折金绿色，瘤突黑色，前胸背板有时全部深绿色，鞘翅有时蓝绿色或蓝紫色。鞘翅长卵圆形，外缘较平；一级行距链状，由刻点分隔的1列瘤突组成，第1行的瘤突较其他行长；第2、3级行距位于第1行距之间；第2行距亦呈瘤状，位于中央；第3行距为小颗粒状，位于第2行距两侧。足细长，雄虫前足跗节基部3节膨大。

分布：浙江（天目山、清凉峰）、安徽、福建、江西、湖北。

2. 硕步甲 *Carabus davidis* Deyrolle *et* Fairmaire（图4-37）

特征：体长37.0～42.0 mm。头部、触角和足黑色，略有蓝紫色光泽；前胸背板和侧板、小盾片蓝绿色至紫色；鞘翅绿色至黄绿色，闪金属光泽，后半部具红铜光泽，侧缘及缘折暗蓝紫色；鞘翅长卵圆形，一级行距链状，由刻点分割的瘤突组成，二级行距为隆起的脊，三级行距为颗粒。腹部光洁，两侧有细刻点；足细长。雄虫前跗节基部斗节膨大，腹面有毛。

分布：浙江（天目山、清凉峰）、安徽、福建、江西、湖南广东。

图4-36　拉步甲

图4-37　硕步甲

3. 日本细胫步甲 Asonum japonicum Motschulsky（图 4-38）

特征：体长 8.5～10.5 mm。体红褐色，鞘翅略带绿色光泽，前胸背板和侧缘及鞘翅侧缘黄色，口须、触角和足黄色。头顶略隆，光洁无刻点和毛；触角长接近体长的 1/2；颏中齿三角形，顶端略平。前胸背板略圆，侧边从端角到后角均匀圆弧；基角宽圆；基凹深，内具少量刻点；盘区光洁无毛和刻点。鞘翅长方形，在基部 2/5 处有 1 个极浅的凹陷；条沟略深，沟内有细刻点；行距微隆，第 3 行距有毛穴 3 个；翅近端处稍凹，翅缝角圆，无刺突。

分布：浙江（天目山）、江苏、安徽、福建、江西、山东、湖北、湖南、广东、广西、四川、贵州、云南、台湾；日本、朝鲜、东南亚。

4. 小丽步甲 Calleida onoha Bates（图 4-39）

特征：体长 7.0～9.5 mm。体棕黑色。头顶平，光洁无刻点；触角自第 4 节起密被绒毛。前胸背板棕黑色至黑色，略呈方形；侧边从端角到中后部均匀圆弧，于后角之前稍弯曲；后角接近直角，顶端略尖；盘区光洁，中沟旁有少量粗刻点，并有少量皱褶；基凹平坦，凹外无明显隆起。鞘翅长方形，端部平截；鞘翅中央黄色，其余大部分区域具金属绿色光泽，

图 4-38　日本细胫步甲　　　　　　　图 4-39　小丽步甲

但变异较大，绿色光泽区域有大有小。足棕黄色，腿节端部颜色略深。

分布：浙江（天目山、莫干山）、安徽、福建、河南、湖北、湖南、广东、广西、贵州、四川、陕西、台湾；日本、朝鲜。

（二）虎甲科Cicindelidae

体中型，狭长；身体常具鲜艳的颜色和鲜艳斑纹。头宽大于前胸，头式下口式，咀嚼式口器，上颚发达，唇基较触角基部为宽。触角丝状，11节；复眼突出。鞘翅长，盖于整个腹部；后翅发达，能飞行。腹部雌虫可见6节，雄虫7节；前足第1～3跗节具毛。

1. 中华虎甲 *Cicindela chinensis* De Geer（图4-40）

特征：体长18.0～21.0 mm，头和前胸背板金属绿色，前胸背板中央区域红铜色，具发达的复眼和上颚。鞘翅金属铜色，每鞘翅基部具2块几乎相接的深蓝色斑，中后部具1块大的深蓝色斑，深蓝色和铜色交接区域金属绿色；鞘翅约3/5处具1对白色横形斑，鞘翅近末端大蓝斑区域内靠近边缘处具1对白色小圆斑。

图4-40 中华虎甲

分布：浙江、陕西、甘肃、河北、山东、江苏、江西、福建、四川、广东、广西、贵州、云南；朝鲜、韩国、日本、越南。

2. 离斑虎甲 *Cicindela separata* Fleutiaux（图4-41）

特征：体长15.0～21.0 mm。体色艳丽，深蓝绿色。具发达的复眼和上颚。左、右鞘翅前缘外侧各具1对较小的白点；翅面前、中和后部各具1对大而明显的白斑，第3对横斑几乎分离成2个斑块，仅有1条丝状细横纹相连。

分布：浙江、安徽、上海、山西、福建、江苏、江西、云南；越南。

图4-41　离斑虎甲

（三）埋葬甲科 Silphidae

体小至中型。体色多为暗色、黑色或褐色。触角11节，柄节长，梗节较小，末端3节组成端呈锤或棒状，常呈橘黄色。前胸背板几乎从无被毛；小盾片很大；鞘翅背面或具橘红色斑纹或色带，末端平截或波形或延伸呈齿形或角形，露出1或2个（极少4个）腹节背板，无刻点行，多具3条脊，缘折发达，多完整。前足基节窝开放，跗节5节，爪成对。

1. 尼覆葬甲 *Nicrophorus nepalensis* Hope（图 4-42）

特征：体中型，体长 15.0～24.0 mm。头黑色，额区有橙红色斑，触角末 3 节橙色且膨大。前胸背板隆起，被横向和纵向的沟分割成 6 块，均光裸无毛；左、右鞘翅基部和端部各具 1 块不规则橙黄色横斑，左、右翅横斑对称但不相连；前、后横斑中各有 1 块游离黑色小圆斑。腹部末端 2～3 个背板常外露。

分布：浙江（天目山、古田山、百山祖）、北京、天津、河北、河南、辽宁、黑龙江、吉林、江西、江苏、安徽、湖南、湖北、福建、广东、广西、陕西、甘肃、青海、宁夏、新疆、西藏、四川、重庆、云南、贵州、台湾。

2. 滨尸葬甲 *Necrodes littoralis* Linnaeus（图 4-43）

特征：体型较大，长 17.0～35.0 mm，体棕红色或黑色。头较大，复眼突出，触角端部略膨大，末 3 节橙红色。前胸背板盾状，刻点细密且均匀，几近光滑；鞘翅黑色，方形、后端略宽，刻点较前胸背板强；每鞘翅各具 3 条平行的脊，其中第 2 条脊于后部呈锥状突起；足细长，雄性后足腿节膨大。

分布：浙江（天目山）、安徽、北京、天津、河北、辽宁、黑龙江、吉林、江西、湖南、湖北、福建、广东、广西、陕西、甘肃、青海、新疆、四川、云南、贵州。

图 4-42　尼覆葬甲

图 4-43　滨尸葬甲

3. 红胸丽葬甲 *Necrophila* (*Calosilpha*) *brunnicollis* Kraatz（图4-44）

特征：体长18.0～24.0 mm。体扁宽，近圆形，或鞘翅末端平截而显方。头黑色，略带极微弱的蓝绿色金属光泽；触角黑色，末端3节被银灰色微毛使得颜色较浅；触角端锤部分由末端4～6节组成。前胸背板近梯形，整体橘红色或中部盘区棕黑色而周缘橘红。鞘翅黑色或具暗淡的蓝绿色光泽，具肋，隆突；鞘翅最外侧的一条肋基部较隆，但普遍不达端突或在端突之间即已细若游丝；鞘翅具宽的侧缘展边，缘折极发达且普遍具强烈金属光泽。鞘翅侧缘展边与盘区的交界处，有时具1个高隆的纵条形隆起，使鞘翅看起来具4条肋。雄性鞘翅末端平截或凹截，雌性鞘翅末端圆。

分布：浙江（天目山）、北京、河北、山西、内蒙古、辽宁、吉林、黑龙江、江西、湖北、湖南、广东、海南、广西、四川、贵州、云南、陕西、甘肃、台湾。

图4-44 红胸丽葬甲

（四）叩甲科Elateridae

体小至大型，狭长，两侧平行；触角一般11节，锯齿状，少数栉齿状或丝状。前胸背板后角锐刺状，前胸腹板突长刺状，伸入中胸腹板的凹窝内，形成"叩头"关节；后胸腹板上无横沟；前胸和鞘翅相接处凹入；跗节5节。背面向下时能反弹跳起。

1. 丽叩甲 *Campsosternus auratus* Drury（图4-45）

特征：体长38.0～43.0 mm。体金属绿色至蓝绿色，带铜色光泽，极光亮，艳丽。头宽，额向前呈三角形凹陷，两侧高凸；触角黑色，扁平，第4～10节略呈锯齿状，到达前胸基部。前胸背板中长和基宽近等，表面不突起，前端向内弧弯，后缘略凹。鞘翅肩部凹陷，末端尖锐，表面有刻点及细皱纹。跗节黑色，爪暗褐色，跗节腹面具绒毛。

分布：中国、日本、越南、老挝、柬埔寨、印度、尼泊尔、孟加拉国。

2. 眼纹斑叩甲 *Cryptalaus larvatus* Candeze（图4-46）

特征：体长27.0 mm，近长方形。体灰褐色，密被有灰白、黑色、淡黄色的鳞片扁毛形成的斑纹。触角锯齿状。前胸背板中长大于基宽，中央

图4-45　丽叩甲　　　　　　　　图4-46　眼纹斑叩甲

偏前具2块深色小斑，中部有纵脊；小盾片五边形；鞘翅肩部凹凸不平，端部斜截，表面具条纹，中部外侧具2块长方形深色眼斑。

分布：浙江、福建、江苏、江西、湖南、台湾、广东、广西、四川、海南；越南、老挝。

3. 斑鞘灿叩甲 *Actenicerus maculipennis* Schwarz（图4-47）

特征：体长16.0～25.0 mm。体狭长，尾端尖。体铜绿色，鞘翅青铜色，具强烈金属光泽。头顶略凸，刻点粗密；触角棕黑色，雄虫触角较长，向后伸达前胸背板后角，呈锯齿状；雌虫触角较短，细弱，向后超过前胸背板中部。前胸背板有时蓝色；被毛灰白色，较稀，密集处在鞘翅上形成一些横形毛斑。前胸背板长大于宽，两侧中部弧拱，前端收狭；盘区隆突，其顶面平，后部具明显的中纵沟；后角长，向外叉开，背面具脊，锐利。小盾片"U"形，隆突。鞘翅雄虫从基向后明显收狭，缝角呈刺突出；雌虫缝角较钝圆。腹面和足有时暗棕色；爪简单。

分布：浙江（天目山、百山祖）、安徽、福建、江西、湖北、湖南、广东、广西、四川、云南、台湾；越南、柬埔寨。

图4-47 斑鞘灿叩甲

4. 木棉梳角叩甲 *Pectocera fortunei* Candeze（图4-48）

特征：体大型，体长24.0～29.0 mm。体赤褐色，全身密被灰白色绒毛。头部呈三角形凹陷，额宽约为复眼宽的1.6倍；触角基上方隆起，刻点粗；上颚弓弯，端部锐尖；复眼大；雄虫触角长栉齿状，第3～10节各着生1个狭长叶片；雌虫触角锯齿状。前胸背板中央纵向隆突，两侧低凹，有明显的中纵沟；表面刻点明显，前部较粗，中后部细弱，大小不等；后角锐尖，端部稍转向外方。小盾片宽卵圆形，前缘中央向后凹入，两侧向后呈圆形变狭，端部浑圆。鞘翅上

图4-48 木棉梳角叩甲

密生的灰白色绒毛形成斑纹，明显宽于前胸背板，基半部两侧平行，中部向后逐渐变狭，端部锐尖；表面有9条凹纹，刻点细弱，凹纹中密，凹纹间隙中略稀。前胸腹板向前明显变宽，腹后突向后倾斜，插入中胸腹窝；中胸腹窝三角形；中、后胸腹板有明显分界缝。后足基节片向外明显变狭，内侧宽，外侧相当狭，几乎无；跗节简单，第1～4节逐节变小；爪简单。

分布：浙江（天目山、龙王山）、江苏、福建、江西、湖北、海南、重庆、四川；日本、朝鲜、越南。

（五）三锥象科 Brentidae

体小型，窄长；触角呈膝状，10节，第1节不长，端部稍粗，末节很长，无明显的棒状部；喙长且直；鞘翅狭长，刻点行列明显。

宽喙锥象 *Baryrhynchus poweri* Roelofs（图4-49）

特征：体长10.0～23.0 mm，体略扁平，体表坚硬。体棕红色至棕黑色，鞘翅棕黑色且具鲜黄色碎斑，斑近似排成一列，每个鞘翅约5枚。雄性喙短宽，上颚发达。雌虫喙细长，触角丝状，较粗，约为体长1/3，前

图4-49　宽喙锥象

胸背板光滑，鞘翅具粗大刻点。长为额宽的3.3倍。

分布：浙江（天目山、百山祖）、云南；日本、东南亚。

（六）芫菁科 Meloidae

头下口式，宽于前胸，后头部缢入深。触角丝状或锯齿状。鞘翅柔软，末端分歧，可见腹板6节。前足基节窝开式；跗节5—5—4式，爪裂分为2叉。

毛角豆芫菁 *Epicauta hirticornis* Haag-Rutenberg（图4-50）

特征：体长11.5～21.5 mm。体黑色。头红色，略呈方形，后角圆，在复眼内侧触角的基部每边各具1个红色、稍凸起、光滑的"瘤"；触角11节，丝状。前胸短，长稍大于宽，两侧平行，前端1/3狭窄，在背板基部的中间有一个三角形凹洼。鞘翅乌暗无光泽，鞘翅外缘和端缘有时也镶有很窄的灰白毛；鞘翅基部窄，端部较宽。腿节和胫节具灰白色卧毛。雌雄两性区别较明显：雄虫触角除末端1、2节外，每节的外侧都具有黑色长毛；前足胫节外侧具很密的黑长毛；腹部末节腹板后缘向前凹，呈弧圆形。雌虫触角较短细，侧缘无长毛；前足胫节没有浓密的黑

图 4-50　毛角豆芫菁

长毛；腹末节腹板后缘平直。

　　分布：浙江、湖北、江苏、山东、河北、内蒙古、新疆、黑龙江。

（七）象甲科 Curculionidae

　　额向前延伸形成明显的喙，口器位于喙的顶端，无上唇；触角多为 11 节，膝状，其末端 3 节膨大呈棒状；鞘翅长，端部具翅坡，通常将臀板遮蔽。足腿节棒状或膨大，胫节多弯曲，前足基节窝闭式；可见腹板 5 节，第 1、2 节腹板愈合。

　　松瘤象甲 Sipalinus gigas Fabricius（图 4-51）

　　特征：体长 15.0 ～ 25.0 mm。体黑色，密被灰白色鳞毛，看起来体呈灰色。体壁十分坚硬；喙较发达，触角短，最末 1 节膨大，末节具黑色及白色环纹；前胸背板具粗大瘤突，中线附近较光滑；鞘翅具略小的瘤突及刻点。

　　分布：浙江（天目山、古田山、莫干山）、江苏、福建、江西、湖南、云南；朝鲜、日本。

图4-51　松瘤象甲

（八）锹甲科 Lucanidae

体中型至特大型，体型多变，形态奇特，多为黑色、棕色或褐色。触角10节，肘状，上颚发达，尤以雄虫的上颚特别发达，多呈似鹿角状而区别于其他各科。性二型现象显著。

1. 亮颈盾锹甲 *Aegus laevicollis laevicollis* Saunders

特征：雄虫体小至中型。体色红褐色至黑褐色，较闪亮，头部和前胸背板较鞘翅闪亮。头部中央微凹，额区两侧有直立的小三角形突起。上颚弯曲，端部较尖，约为头长的1倍。上颚下缘基部具1个较宽钝的三角形齿，略向内及后方斜伸；上颚上缘中部稍靠后的位置具1个锐利的三角形齿，向内前方斜伸。前胸背板宽大于长，背板中央后半部有狭长的纵向凹陷，凹陷处具深密的小刻点；前缘呈平缓的波曲状，中部凸出；后缘微呈波曲状；侧缘呈微弱的锯齿状；前角端部无凹陷，后角圆。小盾片心形，密布小刻点。鞘翅背面可见8条明显纵条，具短而稀疏的白色刚毛。

雌虫与小额型雄虫更相似，但虫体比雄虫更隆起，具更深密的大刻点。上额短而弯曲，端部尖而无分叉；上缘无齿，下缘中部具1个较宽钝的三角形齿，前胸背板中央略向下凹陷，不如雄虫明显；侧缘呈弧状。侧角尖而后角大刻点。

分布：浙江（天目山）、江西、安徽、湖南、福建、四川。

2. 凹齿刀锹甲 *Dorcus davidi* Seguyi（图4-52）

特征：雄虫体小到中型，体色黑色。头部及前胸后缘具细密的短毛。头部近梯形，头顶中前部向下凹陷。上颚基部、中部较粗壮且直，端部尖而强烈向内弯曲，约为头长的2倍；中部有1个非常小的钝齿，小型个体仅在上颚中部具1个突出，大颚型个体中部的齿与向前的上颚部分呈较直的刀片状，端部具1个小齿。上唇宽大，长方形，呈波曲状，中央凸出。前胸背板较光滑，宽大于长，前缘呈明显波曲状，中央凸出；后缘较平直；侧缘弧状，中部及后1/4处有一个小突起。小盾片心形。鞘翅较光滑，布满均匀的小刻点。

雌虫体型较雄虫小，但体背更加粗糙。头部密布刻点，前缘两侧弧度更大。上颚比雄虫短小，但上颚端部较尖锐。前胸背板中央闪亮，比雄虫更隆突；侧缘弧度更大。鞘翅表面具较浅的纵纹。

分布：浙江（天目山）、重庆、江西、四川、陕西。

3. 大刀锹甲 *Dorcus hopei* Saunders（图4-53）

特征：雄虫体长27.0～85.0 mm；体扁宽，长椭圆形；体黑色，背面不被毛，光泽中等。头大，近横长方形，额区两侧各具1个向前斜伸的三角形突起。上颚粗大，向内强烈弯曲，基部宽，端部尖。大型个体上颚近端部有1个向前斜伸、几乎直立的三角形大齿，中型个体近基部有一个尖锐的三角形小齿。上唇宽大，长方形，中央强烈向下凹陷。前胸背板宽大于长，前缘波曲状，背板中央微凹；后缘较平直，侧缘微呈锯齿状、较直；前角较钝，后角钝圆。前缘两侧、侧缘内侧和后缘内侧具较深密的小刻点。小盾片心形，端部较尖。鞘翅周缘有深密的刻点，从鞘翅中部至缘折处有5～6条深密的大刻点形成的短纵线。

雌虫同小型雄虫很相似，有较强的金属光泽。体背的刻点和毛较雄虫更密更长。头小，头顶中央具2个近圆形的小隆突。上颚相当短小，端部尖锐，基部宽大并有1个倾斜的长方形隆起；中部具1个向前斜伸的三角形大齿及1个三角形微齿。前胸背板中央光滑且闪亮，比雄虫更隆突；鞘翅上均匀排列11条纵线。

　　分布：浙江（天目山）、上海、江西、江苏、福建、安徽、湖南、湖北、广东。

图4-52　凹齿刀锹甲　　　　　　　　图4-53　大刀锹甲

　　4. 红腿刀锹甲原名亚种 *Dorcus rubrofemoratus rubrofemoratus* Vollenhoven（图4-54）

　　特征：雄虫体长43.0～45.0 mm，雌虫约32.0 mm。体色黑色，腹部，六足腿节均有明显的暗红色斑。雄虫上颚整体较为笔直向前，仅端部略往内侧弯曲；上颚基部起2/3部分没有内齿。前胸背板宽大于长，前角内凹较大。

　　雌虫前足胫节向外侧弯曲。

　　分布：浙江（天目山）、湖北、河南、北京。

　　5. 平齿刀锹甲 *Dorcus uruslae* Schenk（图4-55）

　　特征：雄虫体小到中型。体色黑色，较黯淡，体背、腹面均光滑少毛。头部中央微凹，靠近复眼周围有细密的小刻点，额无三角形突起。上颚端部强烈弯曲，基部至上缘较直，约为头长的1.5倍。上颚近基部有1个尖锐的向内水平直伸的三角形大齿，个体越小基部的齿越钝；沿着该齿向前的上颚部分呈较直的刀片状，直至上颚中前部2/3处；上颚近端部有1个向内斜伸的三角形小齿。上唇宽大，长方形，中央强烈向下凹陷。前胸背板宽大于长，前缘呈明显波曲状，背板中央微凸；后缘近直线状；

图4-54　红腿刀锹甲

图4-55　平齿刀锹甲

侧缘微弧形，呈锯齿状。背板较光滑。小盾片心形，具细密的小刻点。鞘翅前缘具细密的小刻点。

雌虫与雄虫有较大的差异。头部具较深的细密刻点，比雄虫更隆突；上颚比雄虫小且宽钝；前胸背板中央相当光滑而闪亮，侧缘部呈锯齿状。鞘翅背面可见明显的纵条。

分布：浙江（天目山）、湖北、四川。

6. 福运锹甲 *Lucanus fortunei* Saunders（图4-56）

特征：雄虫体小到中型。头红褐色，后缘凹陷深而短，约占后缘总长的1/3；后头冠半圆形，宽大，向上微翘。上颚弯曲，长，稍短于头部、胸部、腹部的总长；端部较大分叉，具7～8个齿；无基齿；中齿大而尖锐，向前上方伸出；在上颚基部与中齿间隔的中部有5～6个均匀分布的小齿；另1个尖锐的小齿位于中齿与端部分叉间隔的中部位置，微向前上方伸出。前胸背板红褐色，宽大于长，中央较平，凸出不明显，前、后缘呈明显的波曲状；侧缘向后强烈倾斜延伸后内凹。鞘翅浅红褐色，边缘暗色；鞘翅光滑，仅在小盾片上缘折处有非常稀疏的短毛；肩角尖。小盾片近三角形。各足基节、腿节基部及端部暗色；前足腿节背、腹面下侧及中、后足腿节的背、腹面中央具黄褐色长纵斑带；胫节红褐色，内侧具黑色的长纵斑带，有时前足斑带不明显。体腹面呈黑红褐色，腹板黑色。

雌虫体型明显小于雄虫，体背较雄虫更光滑、闪亮。头部、前胸背板及鞘翅上有密而深的刻点。头部窄而小，近方形。上额短于头长，宽而钝，仅在下缘中部具1个大的钝齿。

分布：浙江（天目山）、福建、广东。

7. 黄斑锹甲 *Lucanus parryi* Boileau（图4-57）

特征：雄虫体黑褐色至红褐色；上颚弯曲，稍长于头部及前胸的总长；端部较大分叉，无基齿；中齿三角形，水平直伸；紧靠中齿的内侧具3～4个退化的齿痕；中齿与端部分叉间距的中部具2个明显的小齿。中头部后缘凹陷浅而长，约占后缘总长的1/2；后头冠近方形，向上微翘。前胸背板宽大于长，背板中央较平，凸出不明显，前、后缘呈明显的波曲状；侧缘向后强烈倾斜延伸后内凹。鞘翅光滑，边缘黑色，中央为黄色或黄褐色，部分个体鞘翅黑色；肩角尖，肩角处及小盾片处的黑色区域呈三角形。体背光滑，体腹有少而稀疏的细毛。小盾片三角形。

雌虫体型明显小于雄虫，体背较雄虫更光滑闪亮。头部和前胸背板区鞘翅上有密而深的刻点。上颚短于头长，宽而钝，仅在下缘中部具1个大的钝齿。头部窄而小，近方形。上唇与额、上唇没有明显分开，呈五边形的凸出。

分布：浙江（天目山）、安徽、福建、江西。

图4-56　福运锹甲

图4-57　黄斑锹甲

8. 亮光新锹甲 *Neolucanus nitidus* Saunders

特征：雄虫体中至大型。体色为红褐色至黑色，较闪亮，鞘翅较身体其他部分更为闪亮。头顶中央具三角形的凹陷。上颚、眼眦缘片上有细小的刻点，眼眦近方形。大颚型雄虫上颚几乎与头部等长，向内稍弯曲，基部有1个类似齿痕的突起，中部光滑无齿，端部有1个向上直立的大齿；下缘有4个钝齿从基部到端部均匀排列。随着体型的减小，上颚逐渐减小，大齿也逐渐变小。小颚型雄虫上颚端部到基部内侧有小齿呈锯齿状均匀排列。前胸背板宽大于长，背板中央明显凸出，常近侧缘处形成下陷。

小盾片黑色，近心形。鞘翅中度隆突，光滑，非常闪亮。

雌虫体较雄虫更闪亮。体形宽而圆；上颚、眼眦缘片、额区、各足上具更深密的刻点。上颚有3个明显的钝齿。

分布：浙江（天目山）、安徽、福建、江西、广东、广西、海南、贵州；越南。

9. 华新锹甲 *Neolucanus sinicus* Saunders（图4-58）

特征：雄虫体中至大型。体黑褐色至红褐色，部分个体呈鲜亮的黄褐色；背面无光泽，呈皮革状或磨砂状，完全不反光。头部呈方形，较窄；头顶中央平，前缘平直；眼眦方形，缘片上有非常细小的刻点。大颚型雄虫上颚几乎等于头长，上缘中部向下明显凹陷，端部尖，向内稍弯曲，上缘端部有1个直立的三角形大齿；下缘具6～7个宽钝的三角形齿，从基部到端部呈锯齿状均匀排列。中、小颚型雄虫上颚逐渐变短，大齿逐渐消失。小颚型雄虫上颚上仅有几个小齿呈锯齿状排列。前胸背板宽大于长，前缘呈波曲状，后缘平直，侧缘近弧形，与后缘相接处向内呈十分不明显的凹陷。鞘翅中度隆突。盾片半圆形。

雌虫与雄虫相似，但体形明显较雄虫宽而圆；上颚、眼眦缘片、额区、各足上具更深密的刻点。头顶中央具1个近圆形的向上隆突。上颚短于头长，下缘中部宽而钝，有3个明显的钝齿，呈锯齿状排列。上唇近五边形。

分布：浙江（天目山）、上海、江西、安徽。

10. 简颚锹甲 *Nigidionus parryi* Bates（图4-59）

特征：雄虫体小至中型，体黑色。头部近六边形，头顶中央微有凹陷，靠近额区两侧各有1个突起。上唇短小，近三角形。上颚短小，约与头部等长，端部向上弯翘，有3或4个很小的齿。触角短小，每节具稀疏的纤毛，第2～7节各节几乎等长等粗，第8～10节显著膨大；前胸背板显著隆突，长大于宽，中部较两边凹陷，在背板中央的后半部具1个布满刻点的凹槽；前缘呈波曲状，而后缘较小，靠近前缘的1/3侧缘向外拓宽呈长方形，中部1/3侧缘凹陷，靠近后缘的1/3侧缘向内倾斜而与后缘平缓相接。小盾片长三角形。鞘翅背面具6～8条均匀排列的纵线，各纵线间填满浓密的刻点。足较短小，具稀疏的短毛。

雌虫与雄虫类似，体小至中型。较雄虫壮硕且暗淡；前胸背板中后部的凹陷长而宽；第5个腹节较雄虫略圆钝。

分布：浙江（天目山）、安徽、福建、湖北、湖南、四川、贵州、云南、甘肃、台湾；越南。

图4-58 华新锹甲

图4-59 简颚锹甲

11. 中华奥锹甲 *Odontolabis sinensis* Westwood（图4-60）

特征：体中至大型，个体大小变化较大，雄性有大、中、小3种型。雄虫体色除鞘翅外缘红褐色外，其余部分均为深黑色。眼后有钝刺，前胸背板具2根尖刺，前腹突尖刺状，多变化。前足跗节外侧有3～5个细齿。大型雄虫上颚粗壮而弯曲，长于头部及前胸的总长，基部有1个三角形尖齿，上颚的中前部具宽钝的大齿，端部具1个大齿。中、小颚型雄虫随着体型的减小，上颚变短，齿变小变少。中颚型雄电上颚长约与头长相等，中前部宽钝的大齿消失。小颚型雄虫上颚短于头长，上颚仅有3～4个大齿，靠近基部的2个比较大；或者只剩3～4个小齿呈不规则的锯齿状排列。

图4-60 中华奥锹甲

雌虫除鞘翅外缘红褐色外，其余部分均深黑色。鞘翅黑色光亮，具细刻点。

分布：浙江（天目山）、福建、江西、广东、海南、贵州。

12. 褐黄前锹甲 *Prosopocoilus blanchardi* Parry

特征：体中至大型。体表颜色均匀，体形扁平，呈流线型。体黄褐色至褐红色；头黑色或暗褐色，上颚端部色较深；雄性上颚长而逐渐弯曲，基部具1个大齿突，中前部具有3～4个向前倾伸的小齿突。前胸背板黑色或暗褐色，中央区域色泽深；前胸背板两侧近后角处有1块灰黑色圆斑。小盾片和鞘翅边缘多为黑色或暗褐色。

分布：浙江（天目山）、北京、河北、河南、湖北、江苏、陕西、甘肃、四川、广西。

13. 狭长前锹甲 *Prosopocoilus gracilis* Saunders（图4-61）

特征：体中至大型。雄虫头部较平，长短于宽，前部呈弧凹形，表面密布颗粒状刻点，唇基前缘三角形。上颚细长，外缘弧形，前端尖锐，内缘中部有1个大齿，中部以前呈锯齿状。前胸背板较头部宽，后角略向侧方突出。鞘翅基部较前胸背板后缘略窄，鞘翅端部较尖。鞘翅肩后最宽，光亮，质地稍软。

雌虫体型、上颚均小，刻点粗糙，足短壮。

分布：浙江、重庆、湖南、云南、广东、广西、福建。

14. 中华拟鹿角锹甲 *Pseudorhaetus sinicus* Boileau（图4-62）

特征：雄虫体中至大型。体黑色，具强烈的金属光泽，体背光滑。头部色暗淡，头顶中央向下凹陷，上唇凸出，上颚较长且弯曲，中部明显向上隆起，端部较尖；大颚型雄虫上颚隆起部分至端部具一排锯齿状小齿，中前部的2/3上颚向上隆突，高于端部的1/3上颚。随着颚型的减小，隆起程度逐渐降低；小型雄虫的上颚相对短小而平，具细小的齿。触角较纤细，第2～6节较短粗，第7节较细，端部尖锐，微呈匙状；鳃片部3节。前胸背板色暗淡，向上微隆突，宽大于长，在背板中央具微弱的纵向的凹陷。前缘呈明显的波曲状，中部尖锐凸出，后缘较平直；侧缘呈明显的锯齿状，向后斜伸。鞘翅非常光滑、闪亮，无刻点或纵线。小盾片近半圆形。鞘翅光滑、闪亮。

　　雌虫虫体较雄虫更隆起。虫体呈黑色，较亮；额区两侧具点状突起；上颚短而弯曲；前胸背板中央微凹，不如雄虫明显。鞘翅比雄虫更光亮。前足胫节侧缘呈锯齿状，有3～6个小齿，中足胫节侧缘具1个尖锐的小齿，后足胫节无小齿。

　　分布：浙江（天目山）、福建、江西、广东、贵州。

图4-61　狭长前锹甲　　　　　　　　图4-62　中华拟鹿角锹甲

　　15. 泰坦扁锹甲华南亚种*Serrograthus titanus platymelus* Saunders（图4-63）

　　特征：体中至大型，扁平。体红褐色至黑褐色。头部较平，在头顶的前部，靠近额区有1个横向的长条状凹陷。雄虫上颚稍短于或等于头部及前胸的总长，较直，基部至中部相当宽阔，端部较细而平截，向内稍弯曲；上颚基部有1个向内的三角形小齿；沿该齿向前，直至约紧邻上颚端部，有1个向内直伸、几乎与上颚端部垂直的三角形小齿，该小齿在小型个体中非常小或消失。上唇呈四边形。体背密布非常小的颗粒状物；前胸背板中央较平；前缘呈明显波曲状，后缘呈平缓的波曲状。小盾片近心形。鞘翅表面较光滑，具相当细小的刻点；鞘翅的中部更靠近鞘翅外缘，有1条较深而明显的纵带。

　　雌虫体型较小；翅鞘有光泽，头部具凹凸的刻点。头部、前胸背板周缘、鞘翅周缘具深密的大刻点，头顶中央有2个近圆形的小隆突。上颚短小，短于头长，基部宽大。上唇近五边形，围绕上唇有浓密的黄毛。前胸

图4-63　泰坦扁锹甲华南亚种

背板中央相当光滑，比雄虫更隆突；鞘翅上具明显的细小刻点形成的线，但呈无规则排列。其他特征似雄虫。

分布：全国广布。

（九）臂金龟科 Euchiridae

多为特大型种类，体色多样，或具金绿、墨绿、金蓝艳丽光泽。前胸背板很宽，两侧极度向外扩展，侧缘有深密锯齿。前足，尤其是雄虫的前足特别发达、伸长，为本科显著的特征。

阳彩臂金龟 *Cheirotonus jansoni* Jordan（图4-64）

特征：雄虫体长40.0～66.0 mm，雌虫体长约50.0 mm。前胸背板绿色，有金属光泽；前胸背板两侧的侧后方有很多细密的小齿，盘区前半部具粗刻点，中部具1处明显的纵凹，侧边向外侧强烈突伸。鞘翅一般为红棕色至黑色，且肩部和鞘翅两侧具橙色或棕黄色斑带，偶见单一黑色鞘翅。雄虫前足胫节极度延长，具2枚向内突出的刺；前刺垂直胫节向内突出，后刺位置较靠前，约在胫节1/3处之后。

图4-64　阳彩臂金龟

分布：浙江、安徽、江苏、江西、湖南、福建、广东、广西、海南、四川、贵州、云南；越南。

（十）犀金龟科 Dynastidae

体多为大型，体态奇特。上颚多少外露而于背面可见。前胸腹板从基节之间生出柱形、三角形、舌形等垂突。雄性头部、前胸背板有强大的角突，而雌性则正常或仅有低矮的突起。

1. 双叉犀金龟指名亚种 *Allomyrina dichotoma dichotoma* Linnaeus （图 4-65）

特征：体长 35.0～60.0 mm；体黑褐至深棕褐色，被柔弱毛。体长椭圆形，粗壮，脊面十分隆拱。头部较小，唇基前缘侧端齿突起。前胸背板边框完整，小盾片短阔三角形，具明显中纵沟。鞘翅肩突和端突发达。雌雄异型：雄虫头具 1 个末端双分叉的角突，分叉部分向后弯，有时角突不明显；前胸背板中央具 1 个末端分叉的角突，背面比较滑亮。

（a）　　　　　　　　　　　　　　　　　（b）

图 4-65　双叉犀金龟指名亚种

（a）雄虫；（b）雌虫

雌虫体型略小，头胸上均无角突，但头面中央隆起，横列小突3个，前胸背板前部中央有1处"T"字形凹沟，背面较为粗暗。

分布：浙江（天目山）、安徽、江苏、江西、湖南、湖北、福建、广东、广西、海南、辽宁、吉林、山东、陕西、山西、河南、四川、贵州、云南、台湾；朝鲜、韩国、日本、老挝。

2. 蒙瘤犀金龟 *Trichogomphus mongol* Arrow（图4-66）

特征：体长32.0～52.0 mm；体黑色，被毛褐红色。体形短而钝，体近长方形，十分厚重。雌雄异形，雄虫头部有1个前宽后狭、向后上弯曲的强大角突，前胸背板前部呈斜坡状，后部强烈隆升呈瘤突，瘤突前侧方有1对齿状突起，前侧、后侧十分粗皱。

雌虫头部简单，密布粗大刻点。头顶具1个矮小结突；鞘翅仅于基部具少量刻点。各足胫节宽扁，跗节细。

分布：浙江（天目山、百山祖）、河北、内蒙古、江西、湖北、湖南、福建、广东、广西、海南、四川、贵州、云南、台湾；越南、缅甸、柬埔寨、老挝。

图4-66　蒙瘤犀金龟

（十一）天牛科Cerambycidae

体小至大型，长筒形，体色多样。触角呈线状，多数11节，能向后伸，超过体长2/3，着生在额突上。复眼多肾形，环绕在触角基部；胸部具发音器；跗节隐5节：5-5-5式。

1. 苜蓿多节天牛 *Agapanthia amurensis* Kraatz（图4-67）

特征：体长11.0～17.0 mm。体狭长，头、胸及体腹面近黑蓝色。触角黑色，自第3节起各节基部被淡灰色绒毛。雌、雄虫触角均长于身体，柄节较长，向端部逐渐膨大，第3节触角最长，柄节及第3节端部有毛刷状的簇毛，有时柄节端部仅下沿具浓密长毛，基部6节下沿有稀少细长缘毛。前胸背板表面具稀疏的黑色竖毛；鞘翅深蓝或紫罗兰色，具金属光泽；鞘翅密布刻点，被黑色短竖毛。

分布：浙江（天目山、古田山、龙王山）、江苏、河北、河南、山西、山东、陕西、内蒙古、吉林、黑龙江、江西、湖北、湖南、福建、四川、西藏；日本、朝鲜、蒙古国。

2. 桔褐天牛 *Nadezhdiella camtori* Hope（图4-68）

特征：体长26.0～51.0 mm。体黑色或黑褐色，有光泽，被灰或灰黄色短毛。额前方中央有2条弧形深沟，复眼之间有1条深纵沟。雄虫触角超过体长12.0～23.0 mm；雌虫触角较体长略短；第1节触角粗大，有小刺，前胸背板宽大于长，密生不规则的瘤状皱褶；侧缘中部有尖锐刺突。

图4-67　苜蓿多节天牛

图4-68　桔褐天牛

鞘翅两侧平行，末端较狭，翅面有细密刻点。

分布：浙江、河南、陕西、甘肃、江西、湖南、湖北、安徽、四川、江苏、广西、贵州、云南、广东、海南、福建、台湾、香港。

3. 眼斑齿胫天牛 *Paraleprodera diophthalma* Pascoe（图4-69）

特征：体长约25.0 mm；头部触角基瘤凸出；触角较体长，基部数节下缘有短缘毛，柄节较长，端疤发达完整，第3节触角长于柄节或第4节触角。鞘翅基部中间有1块眼斑，该斑内分布7～8个光亮的颗粒，外周覆一圈黑褐色绒毛；鞘翅中部外侧有1个半圆形咖啡色大型斑纹镶有黑边。

分布：浙江、河南、河北、陕西、江苏、安徽、江西、湖南、重庆、四川、福建、广西、广东、贵州、云南。

4. 苎麻双脊天牛 *Paraglenea fortunei* Saundeas（图4-70）

特征：体长9.5～17.0 mm。雄虫体黑色，密被淡蓝色或淡草绿色和黑色绒毛。触角与身体等长或略长。雄成虫鞘翅末端锐圆；雌成虫钝圆，腹部尾节稍长，腹面中央具1条纵沟。前胸背板，具2块并列的圆形黑斑。鞘翅具3块黑斑，分别位于基部、中部偏前和端部1/3处，第1、2块黑斑的距离较近，甚至相连。

分布：浙江（天目山、龙王山、百山祖）、河北、陕西、吉林、安徽、福建、江西、河南、湖北、湖南、广西、广东、贵州、云南、四川；日本、韩国、越南。

图4-69　眼斑齿胫天牛　　　　　　图4-70　苎麻双脊天牛

5. 楝星天牛 *Anoplophora horsfieldi* Hope（图4-71）

特征：体长35.0 mm。体黑色，满布黄色绒毛斑块。触角黑色，第3节起各节1/3至1/2处被灰色细毛；头部具6块黄色毛斑：额两侧各具1块顶角向内的近三角形的黄斑，左、右颊部，后头两侧各有1块黄斑；前胸背板有两条平行的黄色纵斑，与后头黄斑相连。鞘翅具黄色大毛斑，排列成4个横行。足黑色，被灰色或灰白色细毛。

分布：杭州、安徽、福建、江西、湖北、河南、广西、广东、贵州、云南、四川、海南、陕西、台湾；越南、印度。

图4-71　楝星天牛

6. 中华星天牛 *Anoplophora chinensis* Forster（图4-72）

特征：体长19.0～50.0 mm。体黑色，具金属光泽；触角长于体长，柄节及其余各节基部被蓝灰色绒毛；前胸背板后半部具稀疏的黑色竖毛，宽大于长，侧刺突圆锥状，端部尖，前、后缘明显收缩，第1个前横沟中央不明显，中区不平坦，约有5个瘤突；小盾片宽舌状，被蓝灰色绒毛，中央具光裸的纵沟；鞘翅具灰白色绒毛斑，翅端沿边缘具数个小白斑；鞘翅基部约1/6处有光滑的粗颗粒，其余部分具极细的稀刻点；鞘翅长约为肩宽的2倍，侧缘近于平行，在端部略收狭，翅端圆。体腹面及足具细刻点。足粗壮，中等长，腿节中部不膨大；腿节内缘、胫节基半部大部分及跗节背面被蓝灰色绒毛。

分布：浙江、河北、山西、辽宁、吉林、江苏、安徽、福建、江西、山东、河南、湖北、湖南、广东、广西、海南、四川、贵州、云南、陕西、甘肃、台湾、香港；日本、朝鲜、缅甸、美国。

7. 樱红肿角天牛 *Neocerambyx oenochrous* Fairmaire（图4-73）

特征：体长39.0～50.0 mm。体黑色，具光泽，头和胸被深红色丝绒状短毛。额中央具1条纵沟，额前端中央两侧各有1个深凹陷；触

图4-72　中华星天牛

图4-73　樱红肿角天牛

角被灰褐色细毛；雄虫触角为体长的1倍半，第3～5节末端特别膨大成球形；雌虫触角短于虫体，第3～5节末端稍膨大。前胸背板宽大于长，侧刺突短小，呈三角形，前端狭于后端；背面具横脊及2个小瘤突；小盾片三角形，端角钝圆，中央稍凹。鞘翅被深红色丝绒状短毛，两侧近于平行，外缘角钝圆，缝角不具齿。体腹面光滑。触角及足被灰褐色细毛。

分布：浙江（天目山、凤阳山、百山祖）、安徽、福建、江西、湖北、湖南、广西、四川、云南、西藏、台湾；老挝。

8. 粒肩天牛（桑天牛）*Apriona germari* Hope（图4-74）

特征：体长34.0～46.0 mm。体黑色，密被黄褐色短毛。头顶隆起，中央有1条纵沟；上颚黑褐，强大锐利；触角比体稍长，柄节和梗节黑色，自第3节起各节基部1/3处被灰白色绒毛。前胸背板横宽，侧刺突端尖锐，中区有不规则的横皱或皱脊纹。鞘翅基部密生颗粒状光亮小黑点，缘角及缝角均呈刺突状突出。足黑色，密生灰白短毛。雌虫腹末2节下弯。

图4-74 粒肩天牛

分布：浙江（天目山、古田山、百山祖）、江苏、安徽、福建、江西、湖北、湖南、辽宁、广西、广东、四川、贵州、云南、西藏、陕西、河北、山西、甘肃；朝鲜、韩国、日本。

9. 松墨天牛 *Monochamus alternatus* Hope（图4-75）

特征：体长13.5～28.0 mm，橙黄色至赤褐色。触角栗色，基部第2节及第3节有稀疏的灰白色绒毛。前胸背板宽大于长，有2条宽的橙黄色纵纹，与3条黑色纵纹相间，侧刺突较大，圆锥形，端部钝，中区刻点粗密。小盾片密被橙黄色绒毛。每鞘翅有橙黄色及灰白色相间的纵纹，由方形或长方形的黑色及灰白色绒毛斑点相间组成。体腹面及足杂有灰白色绒毛。雄虫触角超过体长1倍多。

分布：浙江（天目山、百山祖）、河北、江苏、安徽、福建、江西、山东、河南、湖北、湖南、广东、广西、四川、贵州、云南、西藏、陕西、台湾、香港；朝鲜、日本、越南、老挝。

10. 桃红颈天牛 *Aromia bungii* Faldermann（图4-76）

特征：体长28.0～37.0 mm。体黑色，有光亮。后头具细密刻点，后颊具皱褶。额几乎垂直，具显著中沟。触角明显长于体长，触角基瘤内侧具锐角状突起，柄节外端呈角状突出。前胸背板红色，中区有4个光滑疣突，具角状侧枝刺；鞘翅光滑，基部比前胸宽，端部渐狭。成虫有两种色型，即一种是身体黑色发亮和前胸棕红色的"红颈"型，另一种是全体黑色发亮的"黑颈"型。

雌虫与雄虫相似，触角略长于体长，前胸腹板无刻点，密布横皱纹。

分布：浙江（天目山）、河北、山西、内蒙古、辽宁、吉林、黑龙江、江苏、安徽、福建、江西、山东、河南、湖北、湖南、广东、广西、海南、四川、贵州、云南、陕西、甘肃、香港；朝鲜、韩国、德国。

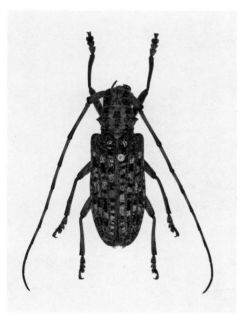

图4-75　松墨天牛

图4-76　桃红颈天牛

11. 中华薄翅天牛 *Megopis sinica* White（图4-77）

特征：体长30.0～52.0 mm。体赤褐色至暗褐色，头胸部较暗。头部具细密粒状刻点，并密生细短灰黄毛，上唇有较硬直的棕黄长毛，上颚黑色，分布深密刻点，前额中央凹下，后头较长，从中央至前额有1条细纵沟。触角基部数节色泽深暗；雄虫触角等于或略大于体长，柄节粗壮，第1～5节触角粗糙，具刺状粒。雌虫触角较细短，仅达鞘翅的2/3处，基部第5节触角粗糙程度较弱。前胸背板前端狭窄，基部宽阔，呈梯形，基部外缘尖锐，后缘中央两旁稍弯曲，两边仅基部有较清楚的边缘，表面密布颗粒刻点及褐灰黄色短毛，有时中域被毛较稀。小盾片三角形，后缘稍圆。鞘翅宽于前胸，向后渐狭窄，表面呈微细颗粒刻点，基部略粗糙，有2或3条较清楚的细小纵脊。腹面后胸腹板被密毛。足扁形，雌虫产卵管明显外露。

分布：浙江、东北地区、陕西、河北、河南、山东、山西、江苏、福建、安徽、江西、四川、广西、贵州、云南、台湾；朝鲜、日本、越南、缅甸。

图4-77　中华薄翅天牛

12. 云斑白条天牛 *Batocera lineolate* Chevrolat

特征：体长32.0～65.0 mm。体黑色或黑褐色，密被灰色绒毛。触角长略大于体长，自第3节起每节下缘有很多细齿。前胸背板中央有1对肾形白色或浅黄色毛斑，小盾片被白毛。鞘翅上具不规则的白色或浅黄色绒毛组成的云片状斑纹，一般列成2～3个纵行，以外面1行数量居多，并延至翅端部，白斑变异很大，有时翅中部前有许多小圆斑，有时斑点扩大，呈云片状。鞘翅基部1/4处有大小不等的瘤状颗粒，肩刺大而尖锐微指向后上方。翅端略向内斜切，内端角短刺状。体腹面两侧从复眼后至腹部末节各有1条白色纵条线。后胸外端角另有1块长圆形白斑。新鲜标本背面斑纹有时呈红褐色。

分布：浙江（天目山）、河北、江苏、安徽、福建、江西、湖北、湖南、广东、广西、四川、贵州、云南、陕西、台湾；韩国、日本、老挝。

13. 双带粒翅天牛 *Lamiomimus gottschei* Kolbe（图4-78）

特征：体长26.0～40.0 mm。雄虫体黑褐色至黑色，无光泽，被烟褐色和赭色绒毛。头部具粗浅刻点、散布赭色绒毛斑；额平坦，具微弱的中纵脊线；复眼下叶横形，明显短于颊；触角超过翅端3～4节，柄节端疤开放。前胸背板散布赭色绒毛斑，宽大于长，侧刺突粗大，前、后横沟较深，中区具粗糙的皱纹状刻点，中央两侧各有2个小瘤突，后中部有1个明显的瘤突；小盾片密被赭色绒毛，基部中央有1个黑色光裸区。鞘翅赭色绒毛斑在中部之前及端部1/3处集合成宽阔的横带，其余部分散布同色小斑点；鞘翅基部具细颗粒，端部平截，翅面具细刻点。体腹面及足散布较密的赭色绒毛小斑点。前足胫节略向内弯，中足胫节外侧具显著纵沟。

分布：浙江（杭州、余姚、丽水）、山西、辽宁、吉林、黑龙江、江苏、安徽、江西、山东、河南、湖北、广西、贵州、陕西、甘肃；俄罗斯、朝鲜、韩国。

14. 密点异花天牛 *Parastrangalia crebrepunctata* Gressitt（图4-79）

特征：体长10.5～14.5 mm。雄虫体较小型，瘦长。体大部分黑色，体背面着生较稀疏的金黄色半卧绒毛。头部具细密刻点；复眼小眼面细，内缘浅凹，额近方形，具中纵沟。触角长于体长，柄节细长，略弯，第4～7节基部及第8～10节基部全部浅黄褐色，第11节基部烟褐色。前胸背板具细密刻点，中区隆突，具1条光滑的中央细纵脊，后角被毛密而长，腹面着生银灰色绒毛。小盾片宽三角形。鞘翅狭长，大部分黄褐色，侧缘从肩部往后黑色、显著狭窄；中缝全黑色，鞘翅中央具1条不伸达基部的黑色纵条纹。每侧缘在中部之前各具2块短纵斑，第1个位于肩后基部约1/4处，第2个位于中部之前，端部横向扩展与中央条纹相接。前、中足腿节及胫节腹面、后足腿节基半部及胫节腹面端部黄褐色，后足腿节端半部烟褐色。

雌虫与雄虫极相似，但体较宽，腹部第1～4节黄褐色，每侧各具1块大黑斑，触角约与体等长。

分布：浙江（天目山）、福建、湖北、湖南、广西、四川、云南。

图4-78　双带粒翅天牛

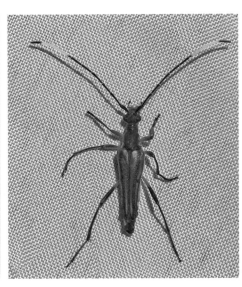

图4-79　密点异花天牛

15. 刺角天牛 *Trirachys orientalis* Hope（图4-80）

特征：体长35.0～50.0 mm。雄虫体灰黑色，被棕黄色及银灰色丝光绒毛。头顶中部两侧具纵沟，后部有粗、细两种刻点。复眼下叶略呈三角形，不靠近上颚。触角长约为体长的2倍，柄节呈筒状，具有环形波状脊，第3～7节端部内侧具细刺。前胸背板中区具粗皱，中央偏后有1块近三角形的平滑区，侧刺突细，短钝。鞘翅表面高低不平，端部平切，缘角及缝角具明显的尖刺。

雌虫与雄虫相似，触角略超过体长，第3～10节端部内侧具刺，第6～10节端部外侧还有较明显的细刺。

分布：浙江（杭州、丽水、平阳、慈溪、嘉善）、河北、山西、江苏、安徽、福建、江西、山东、河南、湖北、四川、陕西、台湾；日本、老挝。

16. 黄星天牛 *Psacothea hilaris* Pascoe（图4-81）

特征：体长16.0～30.0 mm。雄虫体黑色，密被灰色或灰绿色绒毛，并饰有黄色的绒毛斑纹。头顶中央有1条纵纹，从触角基瘤间达头顶后部，头顶两侧复眼之后各有1块短纵斑，紧接前胸前缘，有时伸展到复眼后缘。触角显著长于体长，触角第3～11节基部密被白色绒毛。前胸背板两侧各有1块长形纵斑，有时自中间断开成2块短斑。前胸背板侧边有2块短纵斑，前胸腹板突片上有1条纵纹。小盾片近半圆形，端部被黄色绒毛，不甚明显。鞘翅肩上具少数颗粒，基部刻点粗大，每鞘翅斑点变异大，翅中央具5个较大的斑点，排列成1个纵列，其余部位不规则地散布有许多小斑，近中缝的斑较多而稍大。鞘翅缘折有斑点数个，以第1、2节基部较大而圆整。中胸腹板前、后侧片，后胸腹板前侧片的基部与端部以及胸腹板两侧前、后各有1块黄斑。腹部有18块黄斑。

图4-80 刺角天牛

图4-81 黄星天牛

分布：浙江（天目山）、河北、辽宁、吉林、江苏、安徽、福建、江西、山东、河南、湖北、湖南、广东、广西、海南、四川、贵州、云南、陕西、甘肃、台湾；朝鲜、韩国、日本、越南。

（十二）鳃金龟科 Melolonthidae

体小至大型，多为卵圆形，体色较单调，多为棕色、褐色或黑褐色。触角鳃片状，鳃片部由 3 ~ 8 节组成，但多为 3 节。鞘翅常有 4 条纵肋，后翅常发达。

1. 大云鳃金龟 *Polyphylla laticollis* Lewis（图 4-82）

特征：体长 31.0 ~ 38.5 mm。体长椭圆形，背面相当隆拱；栗褐至深褐色。头部有粗刻点，密生淡黄褐色及白色鳞片；唇基呈横长方形，前缘及侧缘向上翘起；雄虫触角 10 节，雄虫鳃片部由 7 节组成，十分宽大，向外侧弯曲；雌虫鳃片部短小，由 6 节组成。前胸背板宽大于长的 2 倍，表面具浅而密的不规则刻点，有 3 条散布淡黄褐色或白色鳞片群的纵带，似"M"形纹。小盾片半椭圆形，黑色，布有白色鳞片。鞘翅散布小刻点，其上面被有各式白或乳白色鳞片组成的斑纹。

分布：黑龙江、吉林、辽宁、河北、山西、内蒙古、陕西、山东、江苏、安徽、浙江、福建、河南、云南、四川。

2. 暗黑鳃金龟 *Holotrichia parallela* Motschulsky（图 4-83）

特征：体长 16.0 ~ 21.9 mm，长椭圆形，后方常稍膨阔。体色变化很大，有黄褐色、栗褐色、黑褐色至沥黑色，被淡蓝灰色粉状闪光薄层，腹部薄层较厚。头部阔大，唇基长、大，前缘中凹微缓，侧角圆形，密布粗大的刻点；额头顶部微隆拱，刻点稍稀。触角 10 节；鳃片部甚短小，分 3 节。前胸背板密布深大的椭圆形刻点，前侧方较密，常有宽亮的中纵带；前缘边框阔，有成排刚毛；侧缘弧形扩出，前段直，后端微内弯，中点最阔；前侧角钝角形，后侧角直角形，后缘边框阔，为大型椭圆形刻点所断。小盾片短阔，近半圆形。鞘翅散布脐形刻点，4 条纵肋清楚，纵肋 1 后方显著扩阔，并与缝肋及纵肋 2 相接。臀板长，几乎不隆起。

分布：浙江（天目山）、安徽、黑龙江、上海、山东、河南、四川、陕西、甘肃；俄罗斯、朝鲜、韩国、日本。

图4-82 大云鳃金龟　　　　　　　　图4-83 暗黑鳃金龟

3. 小黄鳃金龟 *Pseudosymmachia flavescens* Brenske

特征：体长11.0～13.6 mm。体较狭长。体浅黄褐色，被匀密的短毛。头大，淡栗褐色，唇基密布大型具毛刻点，前缘中凹较显，额唇基缝几乎不陷下；头面密布极密粗大刻点，额有明显中纵沟，两侧呈丘状隆起。触角9节；鳃片部短小，由3节组成；雄虫较长。下颚须末节细。前胸背板淡栗褐色，具毛刻点，前缘边框有成排的粗大具长毛刻点，侧缘前段直，后端微内弯，前、后侧角皆大于直角。小盾片呈短阔三角形，散布具毛刻点。鞘翅前黄褐色，刻点密，仅纵肋1明显可见。胸下密被绒毛。前足胫节外缘具齿，内缘距粗长；爪圆弯，爪下有小齿。

分布：浙江（天目山）、北京、甘肃；中亚。

4. 影等鳃金龟 *Exolontha umbraculata* Burmeister（图4-84）

特征：体长20.5～25.0 mm。体长卵圆形，黑褐色，密被绒毛。头部较长、大，唇基呈横长方形，前角圆，前缘几乎横直，边缘微上卷。触角鳃片部7节，第3～6节等长，其余各节均渐短。前胸背板侧缘前段直形，布稀疏微缺刻，后段向内弯，缺刻深而密。小盾片心形，上具光滑的中纵线。鞘翅褐色，纵肋明显，纵肋凹较弱；鞘翅前半部具心形带光泽的淡褐

图4-84　影等鳃金龟

色毛斑，其后为深褐色"V"形宽毛带，毛带后缘模糊，端部深浅色相间，至端部色较浅。臀板大，后足跗节第1节显著短于第2节；爪细长。

分布：浙江（天目山）、福建、湖南、四川、香港。

（十三）丽金龟科 Rutelidae

体小至大型，以中型者居多，体色多鲜艳，具古铜、铜绿、墨绿、蓝、黄等金属光泽，有的种类体色单调。触角9～10节，鳃片部由3节组成。鞘翅基部外缘不凹入。3对足的爪大小不等，能活动，前、中足的大爪端部常裂为2支。

1. 绿脊异丽金龟 *Anomala aulax* Wiedemann（图4-85）

特征：体长12.0～18.0 mm。体背草绿色，具强金属光泽。唇基、前胸背板宽侧边、鞘翅侧边端缘、臀板端半部、胸部腹面和各足股节浅黄褐色，有时浅红褐色，腹部和胫、跗节红褐色，后足胫、跗节色深。唇基宽横梯形，上卷不强。前胸背板浓布密且略深横刻点，中纵沟深显，后缘沟线中断。鞘翅匀布浓密的刻点和横刻纹，沟行深显，行距窄，圆角状强隆。臀板浓布密横刻纹。足不发达，前足胫节具2个齿。

分布：浙江（天目山）、安徽、福建、江西、湖北、湖南、广东、广西、海南、四川、贵州、云南、西藏、台湾、香港；俄罗斯、朝鲜、韩国、越南。

2. 铜绿异丽金龟 *Anomala corpulenta* Motschulsky（图4-86）

特征：体长15.5～20.0 mm。头部、前胸背板和小盾片暗绿色，唇基和前胸背板侧边浅黄色，鞘翅绿色或黄绿色，带金属光泽，具细密刻点。唇基宽短，上卷颇强。前胸背板刻点粗密，疏密不匀，中部刻点略横形，有时具细弱的短中纵沟，后缘沟线中断。鞘翅肩部具疣突，每侧具4条纵脉，刻点行略陷，背面双数行距宽平，布粗密刻点；单数行距窄，略隆起。臀板布细密的横刻纹。足不发达，前足胫节具2个外齿，前、中足大爪分叉。

分布：浙江（天目山）、安徽、河北、山西、内蒙古、辽宁、吉林、黑龙江、江苏、福建、江西、山东、河南、湖北、湖南、四川、贵州、西藏、陕西、甘肃、宁夏；蒙古国、朝鲜、韩国。

图4-85　绿脊异丽金龟

图4-86　铜绿异丽金龟

3. 毛边异丽金龟 *Anomala coxalis* Bates（图4-87）

特征：体长16.0～22.5 mm。体背草绿色，具强漆光。唇基横梯形，上卷甚弱。前胸背板浓布粗深刻点，后缘沟线中断。鞘翅均匀浓布粗深刻点，刻点行几乎不可辨认。臀板浓布横刻纹、具强金属绿色，通常两侧具或宽或窄红褐色边；腹面和足通常具强金属绿色，前足基节常全部或部分呈红色。腹部侧缘除末节外其余被颇密的长白毛。腹部基部3节近侧缘凹陷，侧缘强脊状。足粗壮，前足胫节具2个齿。

分布：浙江（天目山）、江苏、安徽、福建、江西、湖北、湖南、广东、广西、海南、四川、贵州、云南、台湾。

图4-87　毛边异丽金龟

4. 大绿异丽金龟 *Anomala virens* Lin（图4-88）

特征：体长21.0～29.0 mm。体草绿色，具强烈金属光泽；偶见玫瑰红色个体。唇基上卷甚弱。前胸背板刻点细密，后角圆，后缘沟线中断。鞘翅带强烈漆光或珠光，具细且颇密的刻点，刻点行隐约可辨认，鞘翅后侧缘扩阔。臀板布浓密的细横刻纹。腹部基部两侧缘呈角状。足粗壮，各足基节强金属绿色，腹面各节基缘泛蓝泽，胫、跗节蓝黑色前者带强金属绿泽；前足胫节具2齿。

分布：浙江（天目山）、山西、福建、江西、山东、河南、湖北、湖南、广东、广西、海南、四川、贵州、云南。

5. 脊纹异丽金龟 *Anomala viridicostata* Nonfried（图4-89）

特征：体长14.5～18.0 mm。体浅黄褐色，头部、前胸背板、有时小盾片和臀板基部墨绿色，鞘翅单数窄行距肩突和端突及侧缘宽纵条暗褐色。唇基宽横梯形，上卷颇强。前胸背板布粗密横行刻点；后缘沟线全缺。鞘翅布浓密粗刻点和横刻纹，刻点行强陷，单数行距脊状隆起。臀板密布粗横刻纹。足不发达，各足胫、跗节红褐，有时各跗节基部黑褐、两侧和端部浅黄褐；前足胫节具2个齿。

分布：浙江（天目山）、安徽、福建、江西、湖北、湖南、广东、广西、四川、贵州、云南。

图4-88　大绿异丽金龟　　　　　　　图4-89　脊纹异丽金龟

6. 中华彩丽金龟 *Mimela chinensis* Kirby

特征：体长15.0～20.0 mm。体浅黄褐色，具绿色金属光泽。体椭圆形。唇基宽横梯形，上卷不强。前胸背板均匀布不密的细刻点，侧缘缓弯突，后缘沟线完整。鞘翅布浓密的十分细微的刻点，粗刻点行平，单数行距窄，双数行距宽平。臀板隆拱，布不密的脐形刻点。前胸腹突薄犁状。中胸腹突甚短，疣状。足细长，前足胫节具2个齿，后足胫节弱纺锤形。

分布：浙江、河北、山西、福建、江西、湖北、湖南、广东、广西、海南、四川、贵州、云南、台湾。

7. 弯股彩丽金龟 *Mimela escisipes* Reitter（图4-90）

特征：体长13.0～17.5 mm。体墨绿色、深红色或黑褐色，具强烈金属光泽。唇基宽横梯形，表面隆拱，上卷不强。前胸背板中部刻点细且颇密，后角圆，后缘沟线中断。鞘翅平滑，细刻点行明显，宽行距布疏细刻点。臀板光滑，布颇密刻点。前胸腹突宽，近柱形，端部靴状。中胸腹突

图4-90　弯股彩丽金龟

甚短，端部平截。腹部基部2节侧缘具脊边。后足股节后缘强内弯，后足胫节强纺锤形，跗节粗短。

　　分布：浙江、江苏、安徽、江西、山东、河南、福建、湖北、湖南、广东、四川、陕西、台湾。

　　8. 浙草彩丽金龟 *Mimrls passerinii tienmusana* Lin

　　特征：体长18.0～20.5 mm。体椭圆形，后部较宽。体深草绿色，唇基浅黄褐色，宽横方形，上卷不甚强，额不被毛。前胸背板布较粗密刻点，具后缘沟线，侧边浅黄褐色。鞘翅密布粗大且深的刻点，点间隆起，背面刻点行仍可辨认，无浅色边。臀板金属绿色，隆拱不强，表面具沙革状细皱。前胸腹突薄型状，中胸腹突短。前足胫节通常具2个齿，基齿细弱，偶或消失，端齿粗。后足胫节较粗壮，表面粗糙。

　　分布：浙江（天目山）。

　　9. 曲带弧丽金龟 *Popillia pustulata* Fairmaire（图4-91）

　　特征：体长7.0～10.5 mm。体墨绿色。唇基宽横，前缘近直，上卷弱。前胸背板具强烈金属光泽，盘部刻点疏细，两侧粗密；小盾片带强

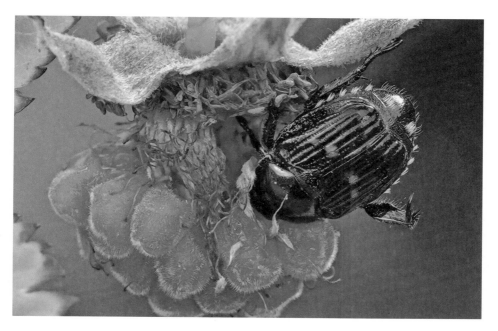

图4-91　曲带弧丽金龟

烈金属光泽；鞘翅黑色，有时红褐，具漆光，每鞘翅中部各有1个浅黄褐或红褐色曲横带，横带有时分裂为2块斑点，有时横带不明显；鞘翅背面有6条粗刻点深沟行，行2短，行距脊状隆起。臀板布细密横刻纹，基部有2块大毛斑。中胸腹突长。

分布：浙江（天目山）、江苏、安徽、山西、福建、江西、山东、湖北、湖南、广东、广西、四川、贵州、云南、陕西。

10. **棉花弧丽金龟** *Popillia mutans* Newman （图4-92）

特征：体长9.0～14.0 mm。体蓝黑色、蓝色、墨绿色、暗红色或红褐色，具强烈金属光泽。唇基近半圆形，前缘近直，上卷弱。前胸背板甚隆拱，中部光滑，无刻点。后角宽圆，后缘沟线甚短。鞘翅背面有6条粗刻点沟行，行距宽，稍隆起，具明显横陷。臀板无毛斑，密布粗横刻纹。中胸腹突长，端圆。中、后足胫节强纺锤形。

分布：浙江（天目山）、江苏、安徽、河北、山西、内蒙古、辽宁、吉林、福建、江西、山东、河南、湖北、湖南、广东、广西、海南、四川、贵州、云南、陕西、甘肃、宁夏、台湾；俄罗斯、朝鲜、韩国。

图4-92　棉花弧丽金龟

11. 蓝边矛丽金龟 *Callistethus plagiicollis* Fairmaire（图4-93）

特征：体长9.0～14.0 mm。体长椭圆形，体背面黄褐或红褐色，光亮，通常头部和臀板色略深，腹面和足暗褐色。唇基近横方形，向前略收狭，上卷弱，表面光滑。前胸背板光滑，布颇密的细微浅刻点，后角大于直角，无后缘沟线，侧缘暗蓝色。鞘翅刻点行明晰，宽行距布颇密的细刻点，窄行距无刻点。臀板光滑，布颇密的细小浅刻点。中足基节间具1个尖长的中胸腹突。前足胫节具2个齿，端齿长。

分布：浙江（天目山）、江苏、安徽、河北、山西、辽宁、福建、江西、河南、湖北、湖南、广东、广西、四川、贵州、云南、西藏、陕西；蒙古国、俄罗斯、朝鲜、韩国、越南。

图4-93　蓝边矛丽金龟

（十四）花金龟科Cetoniidae

体中至大型，一般具有鲜艳的金属光泽，多具刻纹和星状花斑。复眼通常发达。触角10节，柄节通常膨大，鳃片部3节。前胸背板通常呈梯形或椭圆形，侧缘弧形。鞘翅前宽后窄，外缘近基部凹入。3对足的爪大小相等。

1. 宽带鹿角花金龟 *Dicranocephalus adamsi* Pascoe（图4-94）

特征：体长23.0～26.0 mm。略近卵圆形。体红棕色至黑褐色，体表被或厚或薄灰白露状层。头大，雄虫唇基两侧强度延伸成一对鹿角形角突，角突端尖不分叉，中部上缘有一大齿突；雌虫唇基大，无角突，前部显著向上弯翘，前缘弧凹，凹侧2个齿。触角10节，鳃片部3节。前胸背板前狭后宽，长宽近相等，弧形隆拱，侧缘圆弧形，后缘微向后弧扩，四周有细亮边框，中央前半有一对暗色滑亮宽带。小盾片三角形，端尖，鞘翅长，后方稍狭、背面2条纵肋约略可辨，缘折于肩后不内弯；鞘翅肩凸端为暗色滑亮斑。中胸后侧片被霉层，于前胸鞘翅夹角中可见。臀板十分隆拱，中胸腹突不发达，前缘垂直。足壮，雄虫各足十分长大，尤以前足

图4-94　宽带鹿角花金龟（雄）

为最，跗节部明显长于胫节；雌虫各足短壮，跗节部短于胫节。各足端部有1对简单、弧弯的爪。

分布：浙江、北京、辽宁、河北、山西、重庆、河南、湖北、湖南、重庆、云南；朝鲜半岛、越南。

2. 黄粉鹿角花金龟 *Dicronocephalus wallichii* Keychain（图4-95）

特征：体长19.0～25.0 mm。体略近卵圆形，体被黄绿色粉层。雄虫唇基呈鹿角状强烈突出，角端部具2个突角，中部靠近端部的外侧有1个向上弯宽齿。复眼内侧各有1块指形黄色斑。雌虫唇基不发达。前胸背板中央2条栗色纵纹。鞘翅近长方形，肩部最宽，两侧向后渐收狭，具黑色区域，不被粉层。雄虫前足十分发达，跗节部分明显长于胫节，爪简单。

分布：浙江、辽宁、河北、河南、山东、江苏、江西、广东、重庆、四川、贵州、云南、陕西。

图4-95　黄粉鹿角花金龟

3. 丽罗花金龟 *Rhomborrhina unicolor* Motschulsky

特征：体长 24.0～27.0 mm。体形较狭长，翠绿鲜艳，微泛杏红色。唇基边缘、鞘翅外缘、胫节顶端、跗节等几乎各部分的交接处和触角均为深褐色或黑褐色。唇基微狭长，前部稍宽，前缘折翘，两侧边框较高，上面密布皱刻；头顶光滑无刻点。前胸背板近梯形，盘区刻点细小而稀疏，两侧刻纹较大；两侧缘弧形，具有窄边框，后角宽圆形，后缘近横直，中凹甚浅。小盾片较狭长，几乎无刻点。鞘翅较狭长，上面皱刻较稀少，刻点行亦明显，后外侧皱纹较密大；肩部最宽，两侧向后渐收狭；后外缘圆弧形，缝角稍突出。臀板短宽，近三角形，稀布横皱纹和金黄绒毛。中胸腹突强烈突出，散布稀刻点，顶端圆；后胸腹板中间光滑，两侧前半部有较稀圆刻点和金黄色绒毛。腹部中间光滑，两侧稀布较大刻纹。足粗壮，稀布粗大皱刻；后足基节刻纹较稀，后外端角略延伸；前足胫节外缘雄虫 1 个齿、雌虫 2 个齿。

分布：浙江、山东、河南、安徽、江苏、江西、湖北、湖南、福建、台湾、广东、海南、广西、四川、贵州、甘肃、台湾；日本、朝鲜。

4. 白星花金龟 *Protaetia brevitarsis* Lewis（图 4-96）

特征：体长 17.0～24.0 mm；椭圆形，多古铜色或青铜色，较光亮，体表散布众多不规则白绒斑。头部较窄，唇基较短宽，密布粗大刻点。复眼突出。前胸背板长短于宽；前胸背板后角与鞘翅前缘角之间的中胸后侧片甚显著。小盾片呈长三角形，顶端钝。鞘翅宽大，近长方形，后缘圆弧形，布有粗大刻纹。后足基节后外端角齿状，足粗壮，膝部有白绒斑；各足跗节顶端有两弯曲爪。

分布：浙江、黑龙江、吉林、辽宁、内蒙古、河北、陕西、山西、山东、河南、安徽、江苏、四川、湖北、江西、湖南、广西、贵州、福建、新疆、台湾；蒙古国、朝鲜、日本、俄罗斯。

5. 榄纹花金龟指名亚种 *Diphyilomorpha olivacea olivacea* Janson（图 4-97）

特征：体长 21.1～23.1 mm。体绿色或黑绿色，具光泽。头部表面密被刻点，唇基宽大，端部略凹陷，前缘横直且具边框，侧缘具边框，且向外斜阔。触角 10 节，柄节膨大，鳃片部长大于其他各节之和。复眼圆

图4-96　白星花金龟

图4-97　榄纹花金龟指名亚种

隆，突出，眼眦细长，其上被有刻点。前胸背板近梯形，基部最宽；侧缘具边框，后缘横直，中部具浅上凹，盘区中央密被小刻点，两侧刻点更加粗大。小盾片宽大，呈三角形，末端尖锐，零星散布小刻点。鞘翅肩部最宽，肩后稍向内弯凹，后外缘圆弧形，缝角略突出；鞘翅密被横波浪状的小皱纹，侧缘及端部皱纹较深，较粗糙，每对鞘翅上各具2条不明显的纵肋。臀板棕褐色，三角形，其上被同心圆状皱纹，端部外缘着生1排黄色长绒毛。中胸腹突细长、光滑，强烈突出，前缘尖；后胸腹板被横皱纹；腹部中央光滑，侧缘具刻点及黄色绒毛。足细长、粗糙，具刻点和皱纹；雄虫前足胫节细长，外缘具1个齿；雌虫宽大，外缘具2个齿；中、后足胫节内侧具2排黄色长绒毛，外侧具1个中隆突，雄虫不明显；跗节粗长，爪大且弯曲。

分布：浙江（天目山）、安徽、福建、江西、湖南、四川。

6. 褐鳞花金龟 *Cosmiomorpha modesta* Saunders（图 4-98）

特征：体长 18.3 ～ 22.4 mm。体色棕红色。头部密被刻点和浅棕色的小鳞毛，唇基长形，具金属光泽。前缘横直，略向上折翘，两尖角不突出，侧缘具边框，不外阔；头顶中部有1个隆起的网形突起；眼眦细长，密被刻点和1排鳞毛；触角棕色，柄节膨大，鳃片部长为第 2 ～ 7 节长之和。前胸背板近梯形，前缘强烈向下倾斜，密被均匀的刻点和浅棕色的小鳞毛。前胸背板前角不突出，较圆钝，侧缘具边框，后角近直角，后缘横直，无中凹。小盾片棕色的小鳞毛。前胸背板前角不突出，较圆钝，侧缘具边框，后角近直角，后缘横直，无中凹。小盾片深棕色，边缘黑色，末端尖锐，密布刻点和鳞毛。鞘翅宽大，肩后明显弯凹，后缘弧形，缝角不突出；密被粗刻点和浅棕色的短鳞毛，侧缘渐渐稀疏。臀板三角

图 4-98 褐鳞花金龟

形，密被倒伏的浅棕色绒毛。腹面被浓密的浅棕色鳞毛。中胸腹突强烈向前突伸，光滑，前缘尖。足细长，前足胫节外缘具3个齿，雄虫不明显，齿较钝；雌虫锋利；中、后足胫节外侧各具1个隆突，内侧均有1排浓密的黄色绒毛刷。跗节细长，第5跗节长为第4跗节的2倍，爪大且弯曲。

分布：浙江（天目山）、江苏、福建、山东、河南、湖北、湖南、贵州、云南、香港。

（十五）粪金龟科 Geotrupidae

体中至大型，多呈椭圆形、卵圆形或半球形，多为黑色，不少种类有蓝色金属光泽。鞘翅多有深而明显的纵沟纹。小盾片发达。爪成对，简单。

华武粪金龟 *Bnoplotrupes sinensis* Lucas（图4-99）

特征：体长25.0～35.0 mm。体亮黑色带蓝绿色、蓝色或紫色金属光泽。头部小而前突，唇基近半圆形。雄虫额头顶部有1个强大的微弯角突，雌虫仅具短小的锥形角突。上唇发达、肾形，上颚弯大，外缘背面可见。前胸背板短阔，前缘中央伸出似颈，表面十分粗糙。雄虫于盘区

图4-99　华武粪金龟

有1端部分叉的平直前伸粗状角突，角突前方及两侧滑亮，雌虫前、中段有1端部微凹前伸突起。小盾片大，三角形，表面粗糙。鞘翅阔大，表面似缎纹，缝肋及肋纹不见，端部圆弧形向下弯折，缘折阔。臀板完全或部分被鞘翅覆盖。腹面多毛。足发达，前足胫节扁大，外缘锯齿形，内缘距发达端位。中、后足胫节外侧具4道横脊。各足跗节较细弱，中、后足第1跗节长，爪成对。

分布：浙江（天目山）、湖北、湖南、四川、云南、西藏、陕西、甘肃。

十一、长翅目 Mecoptera

体中型、细长。头向腹面延伸成宽喙状；口器咀嚼式，位于喙的末端；触角长，丝状。翅2对、膜质，前、后翅大小、形状和脉序相似，翅脉接近原始脉相；有时翅退化或消失。尾须短，雄虫有显著的外生殖器，在蝎蛉科中膨大呈球状，并上举，状似蝎尾。

蝎蛉科 Panorpidae

头顶大多黄色、黄褐色或黑褐色，具3枚背单眼，单眼三角区常隆起且颜色加深；头部向下延长呈喙状，上唇较短小，下唇须较长，唇基常具斑纹；触角细丝状。前胸背板较短，中、后胸背板颜色多样，多为黄褐色或黑褐色。足跗节末端具一对爪。翅透明膜质，M_4 基部强烈弯曲。腹部近圆柱形，雄虫腹部第3节具发达或退化的背中突，外生殖器膨大反曲上举，侧面观似蝎尾。

蝎蛉 *Panorpa* sp.（图4-100）

特征：喙或短粗或细长。前、后翅基部较宽大，翅面斑纹清晰，1A脉与翅缘的交点超过或刚好到达Rs脉的起源点；R_2 脉常分2枝，R_{2a} 和 R_{2b}。胸部背板颜色均一。

分布：浙江（天目山）。

图4-100　蝎蛉

十二、双翅目Diptera

体小至中型，复眼发达。成虫只有1对发达的膜质前翅；后翅明特化为平衡棒；口器刺吸式、刮吸式或舐吸式；触角丝状、短角状或具芒状。

食虫虻科 Asilidae

体中至大型；触角3节，短于胸部。头大，头顶凹陷；胸部粗，足粗长；腹部细长，略呈锥状；翅狭长；爪间突刺状。

虎斑食虫虻 *Astochia virgatipes* Goguilicet（图4-101）

特征：体长19.0～24.0 mm。体黑色。额为头宽的1/5，有灰白色粉被。单眼瘤上有黑毛。触角黑色。颜面、头外侧及头顶后缘、胸外侧、各足基节外侧均生有黄白色细长毛。胸背有虎状纹，黄白色粉被，中央有1块纵长灰黑斑。足赤黄色，基节黑色。腹部灰黑色，第1～5节后缘各有白色粉被。产卵器黑色。

分布：浙江、河北。

图4-101　虎斑食虫虻

十三、鳞翅目Lepidoptera

体小至大型，体和附肢均密被鳞片。具复眼；口器虹吸式：由下颚的外颚叶特化形成喙，上颚退化或消失。中胸大，背板隆起，在前胸与中胸的节间膜上有气门1对；具两对膜质脉，少横脉，密被鳞片；足细长。

（一）尺蛾科 Geometridae

体中型，细长；翅阔，纤弱，常有细波纹，停歇时翅平放。前翅R_5与R_3、R_4共柄，后翅Sc+R在近基部与Rs靠近或愈合，形成1小基室。两中室M脉退化或无。

1. 玻璃尺蛾 *Krananda semihyalina* Moore（图 4-102）

特征：翅展 35.0～52.0 mm。胸、腹部背面灰黄色与灰褐色掺杂；前胸后缘具 1 条深褐色横线。翅面黄褐色；翅基半部几乎全为透明的玻璃窗状，近外缘处有点斑状透明空窗。前翅顶角下垂，在 R_4 与 R_5 处凸出，其下波状；外线在 Cu_2 以上黑褐色，在 Cu_2 以下和后翅与其外侧色带同色并融合；后翅顶角凹，在 R_5 处凸出 1 尖角，其下波状；中线在中室上、下各有 1 段黑线。翅反面斑纹同正面，但颜色加深。

分布：浙江、湖南（湘西）、江西、湖北、四川、台湾、福建、海南、贵州；日本、印度。

2. 大造桥虫 *Ascotis selenaria* Denis *et* Schiffermuller

特征：翅展 38.0～48.0 mm，体色变异大，从黄白至浅灰褐色，多为浅灰褐色。头部细小，复眼黑色，头、胸交界处有 1 列长毛。前翅外缘线由点列组成，亚缘线、外横线、内横线为黑褐色波纹状，中横线较模糊，中横线外侧具 1 条暗褐色星状纹。后翅斑纹与前翅相同，并有条纹与之对应连接。

分布：全国分布。

3. 钩翅尺蛾 *Hyposidra aquilaria* Walker（图 4-103）

特征：翅展 40.0～54.0 mm。体和翅深褐色至深紫褐色。前翅顶角突出呈钩状；前翅内线隐约可见，中线和外线清晰，呈暗色波状；后翅扇形，外缘浅弧形，无凸角；后翅内线、中线、外线与前翅相似，并与前翅相连；外线外侧在后缘处有 1 块小白斑。翅反面颜色斑纹同正面。

分布：浙江、甘肃、湖南、福建、广西、四川、贵州、云南、西藏。

图 4-102　玻璃尺蛾

图 4-103　钩翅尺蛾

4. 辉尺蛾 *Luxiaria mitorrhaphes* Prout（图 4-104）

特征：翅展 36.0～42.0 mm。头褐色，体及翅灰黄色，散布灰黄褐至灰褐色斑纹。前翅内线模糊或消失，常在前缘、中室下缘和后缘形成暗色斑点；中线微曲波状。外线在翅脉上有 1 列小点，其外侧为 1 条宽窄不均匀的深色带；外线近后缘处具 1 块鲜明的大黑斑，部分个体消失；亚缘线浅色锯齿状；缘线极细弱，翅脉间有小黑点；缘毛淡黄色。翅反面色较浅，中点及其以外斑纹较正面清晰。部分个体外线和缘线的小点黑色清晰。

分布：浙江（天目山）、重庆。

5. 金星垂耳尺蛾 *Pachyodes amplificata* Walker（图 4-105）

特征：翅展 55.0～58.0 mm。雄触角双栉形。额上半部和头顶白色，额下半部黑色，下缘黄色；下唇须黄色，外侧有黑褐斑。前胸白色，肩片内侧白色，外侧深灰色；胸腹部背面鲜黄色与深灰褐色相间。翅乳白色，散布大小不等的深灰色斑块，前翅亚基线与内线色较深；中点处有 1 块大灰斑，后翅中点较小；前、后翅外线为 1 列灰斑；翅端部灰斑散碎，散布鲜黄色斑，其上有黑色碎纹，黄斑在臀角处（尤其后翅）扩展成大黄斑；缘线为 1 列黑点，缘毛灰白与黑灰色相间。翅反面白色，基部黄色，正面的斑纹在反面黑褐色，略扩展，翅端部无黄色。

分布：浙江、甘肃、安徽、湖北、江西、湖南、福建、广西、四川。

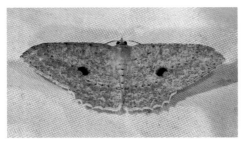

图 4-104　辉尺蛾

图 4-105　金星垂耳尺蛾

6. 镰翅绿尺蛾 *Tanaorhinus* sp.（图 4-106）

特征：胸部背面灰绿色。前翅顶角凸出呈钩状，其凸出程度在个体间略有变化。翅绿色，前翅横线呈黄白色波状。

分布：浙江（天目山）。

图4-106　镰翅绿尺蛾

7. 拟柿星尺蛾 *Percnia albinigrata* Warren（图4-107）

特征：展翅48.0～58.0 mm。触角线形，具致密短纤毛。下唇须、额和头顶前半部黑色，额下缘白色，头顶后半部和胸腹部背面具灰白色黑

图4-107　拟柿星尺蛾

斑，呈2列。翅白至灰白色，前翅前缘浅灰色。斑点黑色，中点大于其他斑点。外线在M脉上的斑点较同列其他斑点略大；缘线斑点整齐。翅反面颜色斑点同正面。

分布：浙江、重庆。

8. 三岔绿尺蛾 *Mixochlora vittate* Moore（图4-108）

特征：雄虫展翅约34.0 mm，雌虫展翅42.0～45.0 mm。体绿至黄绿色；翅浅灰绿色，斑纹鲜绿色。前翅前缘锈黄色，顶角凸出，略呈钩状；前翅基线、内线、中点均外倾，中线内倾并与内线和中点接触，呈三叉状；外线、亚缘线直，与外缘平行；缘线和缘毛绿色，缘毛端部灰绿色。后翅具中

图4-108　三岔绿尺蛾

线和外线，后者微呈弧形，亚缘线纤细；后翅外缘圆。翅反面黄色，略带黄绿色，前、后翅中点微小，外带不完整，均黑灰色；前翅亚缘带残留少量黑灰色鳞片。

分布：浙江、江苏、湖北、江西、湖南、福建、台湾、广东、海南、四川、云南；日本、印度、不丹、尼泊尔、泰国、菲律宾、马来西亚、印度尼西亚。

9. 丝棉木金星尺蛾 *Abraxas suspecta* Warren（图4-109）

特征：雌虫翅展34.0～44.0 mm，雄虫翅展32.0～38.0 mm。

体橙黄色。翅底呈白色，有许多淡灰色的大小斑点，有的彼此相连，大体在中线、外线、缘线处形成斑带，外线端部分叉。前翅中室端的斑大，内有黑黄色环。前翅基部，前、后翅的臀角内侧各有1块大小不等的橙黄色斑，斑上杂有黑

图4-109　丝棉木金星尺蛾

黄色斑和银色闪光斑纹。翅反面暗灰色斑带同正面，橙黄色斑不明显。腹部有7列黑斑：背面3列，侧面、亚侧面各1列。此种个体大小和斑纹变化极大。

分布：广泛分布于华北、西北、华东、华中地区；韩国、日本。

10. 小缺口青尺蛾 *Timandromorpha enervata* Inoue（图4-110）

特征：雌虫翅展38.0～48.0 mm，雄虫翅展36.0～46.0 mm。胸部背面灰绿色；翅面颜色多暗绿色，少紫色。前翅大部为明显的暗绿色：前缘黄绿色；内线深色波状，内侧有浅色边；其外侧至中点在中室内有强烈银灰色光泽，并略向下扩展，向外有时扩展至外线。后翅基部暗绿色至灰绿色；中线

图4-110 小缺口青尺蛾

直，其外侧为宽大黄白色斑，斑内翅脉褐色，似网状，有黑色碎纹；斑外至外缘上半部灰黄褐色至灰绿色，下半部紫灰至暗绿色。翅反面斑纹颜色与正面相近。前翅外缘近肩角缺口显著。

分布：浙江、河南、陕西、甘肃、湖北、江西、湖南、福建、台湾、四川；日本、朝鲜半岛。

11. 茶担冥尺蛾 *Heterarmia diorthogonia* Wehril（图4-111）

特征：翅展28.0～38.0 mm。触角线形，具纤毛簇。下唇须黑褐色。头和体背灰黄色。翅灰黄色，中线黑褐色带状，前翅中线呈"＞"形，后翅中线直；中点黑色，前翅中点在中线上，后翅中点在中线外侧；外线细弱，在翅脉上有小锯齿；翅端部色较深，两翅中部有1个模糊黑褐色斜带；缘线黑色，不连续；缘毛灰黄色，掺杂深灰褐色。翅反面灰黄色，散布深灰褐色碎纹；中点、中线和外线同正面；端带黑褐色，仅在前翅M脉之间到达外缘。第2、3个腹节背面大部黑褐色。

分布：浙江、江西、重庆。

12. 红带粉尺蛾 *Pingasa rufofasciata* Moore（图4-112）

特征：头顶和胸腹部背面灰白色，腹部背面有小毛簇。翅宽大，前

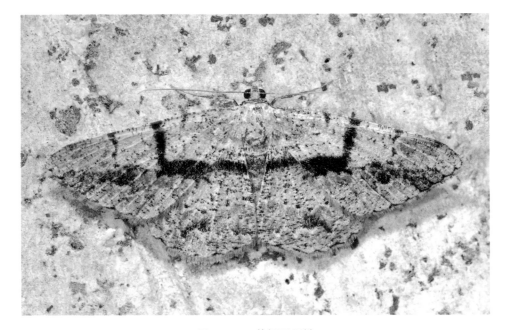

图4-111　茶担冥尺蛾

图4-112　红带粉尺蛾

翅外缘圆锯齿形，外线以内白色，散布大量黑灰色鳞片。前翅前缘多灰褐色，翅基部色略深；内线黑色波曲状，在臀褶处形成1个大齿；中点黑色细长，中部弯曲；外线黑色，弧形浅锯齿状，在翅脉上有短线状延伸；外线外侧为深灰色带黄褐色或粉红色，向外缘处黄褐色渐少，亚缘线白色锯齿形，较模糊。后翅外线、亚缘线和翅端部颜色基本同前翅；在中点位置呈暗褐色，上有白色长鳞毛覆盖。前、后翅缘线黑褐色，在翅脉间呈小斑状；缘毛白色。翅反面大部分白色；中点短条形，在后翅较弱；端带黑色，内缘弧形，远离中点。

分布：浙江、湖北、江西、湖南、福建、广西、四川、贵州、云南；印度。

13. 灰绿片尺蛾*Fascellina plagiata* Walker（图4-113）

特征：翅展约28.0 mm。体和翅绿色。翅面散布稀疏黑鳞；前翅前缘浅灰褐色，其下方有1条不完整的褐线；内线在中室内和其下方各有1个小黑点，小黑点下至后缘有1段深灰褐色线；翅端部为1块深褐色大斑，由M$_1$至臀角；外线弧形，由斑内穿过，接近外缘；后翅中线直，外线弧

图4-113　灰绿片尺蛾

形，其外侧在后缘处有1块黑灰色斑；缘毛在前翅大斑外深褐色，其余黄绿色。翅反面黄绿色，散布褐色碎斑。

分布：浙江、湖南、湖北、四川、广西、江西、贵州、西藏；印度、缅甸。

14. 三角璃尺蛾 *Krananda latimarginaria* Leech（图4-114）

特征：雄蛾翅展34.0～39.0 mm，雌蛾38.0～41.0 mm。体灰黄褐色。前翅横带平直，翅形呈三角状；翅面为淡灰褐色，前翅近基部的横线呈">"字形，外线平直，外线外侧色略深；顶角具灰白色斑；后翅外线平直，带深色小斑点。

分布：浙江、江苏、江西、福建、湖南、四川、台湾、广西；朝鲜、日本。

图4-114　三角璃尺蛾

15. 鹰三角尺蛾 *Zanclopera falcata* Warren（图4-115）

特征：翅展26.0～31.0 mm。体黄褐色。翅黄褐色，翅面散布小黑斑点，后中线呈深褐色细带，其基侧具有平行排列的黑色小点斑；前翅前缘亚顶区附近微外弯，顶角稍突出，外缘平直；后翅外缘平直，外缘亚顶区明显弧形内凹，其后平直达臀角，中线呈深褐色晕带，其基侧常具有平行排列的黑色小点斑。雄虫腹侧具纤毛；停栖时，雄虫腹部末端通常外露于后翅外缘。

分布：浙江、福建、台湾。

图4-115 鹰三角尺蛾

16. 赭尾尺蛾 *Ourapteryx aristidaria* Oberthür（图4-116）

特征：翅展30.0～34.0 mm。头和胸部前端紫灰至紫褐色，体背黄色。雄触角锯齿形，具纤毛簇；雌触角线形；下唇须约1/4伸出额外。前、后翅基半部黄色，有微小黑色中点；外线深褐色，在前翅M脉之间略向内弯曲，在后翅中部外凸；外线以外紫灰至紫褐色，缘毛色稍浅。翅反面颜色、斑纹近似正面。前翅顶角和外缘中部凸出；后翅外缘中部凸出1个尖角。

分布：浙江、湖南、安

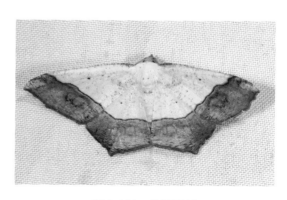

图4-116 赭尾尺蛾

徽、江西、湖北、四川、广西、贵州；缅甸。

17. 乌苏里青尺蛾 *Geometra ussuriensis* Sauber（图 4-117）

特征：翅展 36.0～46.0 mm。翅面宽大绿色；前翅顶角尖，外缘呈波曲状，前翅外缘前半段深凹陷，在 M_3 处凸出 1 个齿：前缘白色，前翅内横线和外横线白色，内外横线在前缘处形成 1 块小褐斑，前缘在顶角有 1 块褐色斑，亚缘线白色，模糊，稍波曲。后翅顶角钝，外缘中部形成尾突，外横线为白色，由前缘至后缘向内倾斜：亚缘线白色，波曲。前、后翅缘毛白色，在翅脉端形成 1 个褐点。翅反面颜色稍浅，除不见前翅内横线外，其余同正面。

分布：浙江、四川、湖北、河南、陕西、甘肃、黑龙江；俄罗斯。

图 4-117　乌苏里青尺蛾

18. 聚线皎尺蛾 *Myrteta sericea* Butle（图 4-118）

特征：雄蛾翅展 27.0～30.0 mm。体白色、细长，腹背基半部有 3 条棕色横纹。翅面白色，前翅前缘有灰褐色斑点，缘线棕褐色；翅中 3 条横线带棕灰色与黄色相间，内倾；后翅斑纹与前翅相连。

分布：浙江、福建。

19. 猫眼尺蛾 *Problepsis superans* Butler（图4-119）

特征：翅展54.0～60.0 mm。头顶白色，胸背白色。翅白色；前翅前缘灰色狭窄，到达眼斑上方；中室端眼斑大而圆，具黑圈，其上端开口，黑圈内为1个不完整的银圈，Cu_1 两侧有小黑斑；眼斑内有白色条状中点，翅端部云状纹发达，深灰色；缘线纤细深灰色。后翅眼斑色深，有时近黑灰色，近椭圆形，斑内散布银鳞，外上角带少量黑色；后缘的小斑与眼斑接触甚至融合，中心有银鳞；翅端部云状纹发达，深灰色；缘线纤细深灰色。

图4-118 聚线皎尺蛾

分布：浙江、吉林、湖南、湖北、辽宁、陕西、台湾、西藏；日本、朝鲜、俄罗斯东南部。

图4-119 猫眼尺蛾

20. 中国枯叶尺蛾 *Gandaritis sinicaria sinicaria* Leech（图 4-120）

特征：翅展 60.0 ～ 70.0 mm。额、头顶和胸腹部背面黄色。触角线形；下唇须中等长，黑褐色。前翅枯叶黄色；亚基线、内线和中线呈 ">" 形波状，内线与中线间黄色，有枯黄和灰褐色晕影；中线外侧有 2 条细纹；外线 ">" 形，其外侧具 1 块黄色三角形大斑；缘毛深灰褐色。后翅基半部白色，端半部黄色；中点微小；中带 ">" 形，外带和亚缘带锯齿形，后者较宽，外缘模糊；缘毛在顶角附近黄色，向下逐渐过渡为灰褐色。前翅反面灰黄色，中点同正面，内线、外线和翅端部各有 1 块褐斑；后翅反面灰白至灰黄色。

图 4-120　中国枯叶尺蛾

分布：浙江、陕西、甘肃、安徽、湖北、江西、湖南、福建、广西、四川、云南。

21. 对白尺蛾 *Asthena undulata* Wileman（图 4-121）

特征：翅展 22.0 ～ 26.0 mm。体及翅白色，额中部有 1 条灰黄褐色横带。前翅顶角微微凸出，前翅基部散布少量褐色，顶角内侧灰黄褐色，扩展至外线，形成一个三角形斑；亚基线、内线和中线污黄色，均呈深弧形；中点黑色微小；外线黑褐色，近前缘处色浅，中部略外凸，微波曲；外线外侧 1 条深色带，上半段黄褐色，在 M_3 与 Cu_1 处形成 1 对黑斑，以下渐细，呈灰褐色，外线在后缘处形成 1 块小黑斑；缘线为 1 列小黑点；缘毛污黄色与白色相间。后翅外缘浅波曲，中部稍凸出，具污黄色内线，端部有 2 ～ 3 条污黄色线，缘线和缘毛同前翅。翅反面白色，前翅外线及外侧深色带及顶角内侧三角形斑清晰，深灰褐色，无其他斑纹。

分布：浙江（天目山）。

22. 斧木纹尺蛾 *Plagodis dolabraria* Linnaeus（图 4-122）

特征：翅展 28.0 ～ 38.0 mm。额灰红色；头顶和前胸灰褐色至黑褐色；体背黄色。翅面黄色，排列密集并略向外倾斜的条纹，黄褐至深褐色；前翅略狭长，外缘中部凸出；褐色条纹在外线位置较密，下端在后

图4-121　对白尺蛾

图4-122　斧木纹尺蛾

缘外形成1块黑褐斑；臀角处为1块模糊褐斑；后翅外缘微波曲，中部微凸；基半部条纹较弱，翅端部色略深，臀角内侧有1块黑斑。缘毛在两翅分别由顶角的黄色向下逐渐过渡到深褐或深灰褐色。翅反面鲜黄色，前翅臀角附近和后翅端部红褐色，条纹红褐色，较细碎。

分布：浙江、湖南、甘肃、江苏、湖北、四川；日本、俄罗斯，欧洲。

23. 灰沙黄蝶尺蛾 *Thinopteryx delectans* Butler（图4-123）

特征：翅展50.0～56.0 mm。体背灰黄色，前胸前缘背面浅灰褐色或紫灰色横带明显。翅淡黄色，密布大量不规则紫灰至灰褐色斑，内外线均较弱，在前翅常消失；前翅前缘的浅灰褐色带或紫灰色带较宽；前、后翅中点很弱；亚缘线外侧黄色，有橘红色碎纹；缘线灰黄褐色；后翅外缘具一大一小2个凸出。翅反面颜色斑纹同正面，但翅端部浅黄色，无橘黄色。

分布：浙江、湖南、西南地区；日本、朝鲜。

图4-123　灰沙黄蝶尺蛾

24. 黑玉臂尺蛾 *Xandrames dholaria* Moore（图4-124）

特征：翅展60.0～90.0 mm。体灰褐色。雌、雄虫触角均双栉形，尖端无栉齿，雌栉齿较短。下唇须仅尖端伸达额外，黑褐色。额下半部黑褐色，额上半部至胸腹部背面灰黄至深灰色。前翅基半部灰白至灰黄，散布黑色碎纹，前缘中部内侧有2条黑色斜纹，后缘内1/3处有1块小黑斑，后缘外1/3处有1对黑色弯纹，体色棕黑，前翅及后翅外缘各有1块玉色斑。翅反面黑褐色，前翅大白斑和后翅顶角附近白斑清晰。

分布：浙江（天目山）、四川。

图4-124　黑玉臂尺蛾

25. 槐尺蛾 *Semiothisa cinerearia* Bremer *et* Grey（图4-125）

特征：翅展34.0～42.0 mm。体灰白至灰褐色体。翅灰白至灰褐色，密布小褐点；前、后翅中、外线间色较淡，外线外侧至外缘色较深。前翅内、中线为褐色细线，在前缘折成黑条斑，外线在前缘形成三角形褐斑，内有2～3个黑纹，从中部至后缘有1列黑斑，并有细线割开，顶角灰褐色，其下方有1褐色三角形斑纹，中室端具新月形褐色纹。后翅内线较直，中、外线均呈波状褐色，展翅时与前翅的中、外线相接，构成完整的弧状曲线，中室端为小黑点，在翅的约3/4处于M_3脉的上、下各有1个黑点，外缘波状有褐边，并于M_3脉甚凸出。

分布：浙江、湖南、北京、黑龙江、甘肃、湖北、台湾、广西、西藏等。

图4-125　槐尺蛾

26. 桑尺蛾 *Phthonandria atrilineata* Butler（图4-126）

特征：翅展42.0 ～ 52.0 mm。体灰褐色。翅灰褐色，散生黑色短纹；前翅内线与外线略平行，在中室端折向前缘，外线由后缘中部斜向顶角而折至前缘，两线之间及其附近灰黑色，外缘呈钝齿状，顶角具长方形黄褐色大斑；后翅仅外线明显且较直，其外侧间以黄褐及黑褐色纹，外缘钝锯齿状。

分布：浙江、山东、山西、安徽、江苏、湖北、广东、四川、贵州、台湾；朝鲜、日本。

27. 紫片尺蛾 *Fascellina chromataria* Walker（图4-127）

特征：翅展34.0～40.0 mm。体紫褐至黑褐色，雌较雄色深。触角线形，雄虫具短纤毛；下唇须粗壮，尖端伸达额外。翅紫褐至黑褐色，翅面散布黑褐色碎纹，后翅较前翅明显。前翅顶角凸出，外缘直，臀角下垂，后缘端部凹；前缘中部和近顶角处有灰白色小斑；中室端有1块黄斑，雌虫的黄斑较弱；内线和外线波状；亚缘线具1列黑点；缘毛深褐色或紫褐色，在臀角附近黑色。后翅顶角凹，外缘浅弧形。后翅中室端黄斑通常近于消失；

图4-126　桑尺蛾

外线较近外缘；顶角和臀角常有黄斑的痕迹；缘毛深褐色或紫褐色。前翅反面基半部和后翅反面大部分黄色，密布紫灰色碎纹；前翅反面端半部和后翅顶角下方紫灰至紫褐色。

分布：浙江、湖南、江苏、台湾、广西、海南；日本、印度、越南、斯里兰卡。

图4-127　紫片尺蛾

28. 中国后星尺蛾 *Metabraxas clerica inconfusa* Warren（图4-128）

特征：翅展60.0～70.0 mm。胸部背面灰黄色，腹部背面灰白色，均点缀2列黑斑。头顶黄色，下唇黑灰色；雄触角双栉形；雌锯齿形具纤毛。翅宽大，白色，具大量深灰至黑灰色斑点；前翅基部黄色；中点较小；外线和亚缘线为双列点。后翅中点同前翅，外线单列点，亚缘线双列点。前、后翅缘线1列点色较深；缘毛在前翅顶角附近深灰色，其下至后

图 4-128　中国后星尺蛾

翅白色。翅反面白色；前翅斑点稍大而模糊，外线斑点局部连成线；顶角处为 1 大斑；后翅斑点同正面。

分布：浙江、湖南、湖北、广西、西藏。

29. 中国虎尺蛾 *Xanthabraxas hemionata* Güenee（图 4-129）

特征：翅展 52.0 ～ 60.0 mm。额和头顶黄色，体背黄色有黑斑，肩片基部和各腹节背面有深褐色斑点。触角线形，下唇须中等长。前翅内外线呈波状，内线和外线相向弯曲，在 Cu_2 下方接近；中点巨大，翅基部和前缘附近以及中点周围散布不规则碎斑；外线外侧在翅脉上具放射状排列的深色纵条纹，其间散布零星深色小斑点。后翅斑纹同前翅。但无内线。翅反面颜色，斑纹同正面。

分布：华中、华北、华西、华东。

30. 雪尾尺蛾 *Ourapteryx nivea* Butler（图 4-130）

特征：翅展 46.0 ～ 74.0 mm。头顶和体背白色；额和下唇须灰黄褐色。翅白色，翅面具线状碎纹，灰色，细弱；前翅顶角略弧，外缘直；内、外线浅灰黄色；中点纤细，缘毛黄白色；后缘外翅近中部突出呈尾

图4-129　中国虎尺蛾

图4-130　雪尾尺蛾

状，内侧具2个斑点，大斑橙红色具黑圈，小斑黑色；雄蛾大斑的红点小；中部斜线浅灰黄色；缘毛浅黄至黄色。

分布：浙江、湖南；日本。

（二）夜蛾科Noctuidae

体中至大型，粗壮多毛，颜色通常灰暗。触角大多丝状或锯齿形。翅多具色斑，肘脉多四叉形；后翅多为白色或灰色，肘脉四叉形或三叉形。

1. 丹日明夜蛾 *Sphragifera sigillata* Menetries（图4-131）

特　征：翅展36.0 ～ 42.0 mm。头、胸及前翅白色，额黑褐色，翅基片基部具1暗褐斑，前翅基线仅在中室现1黑点。内线褐色波浪形，肾纹呈丹形，外线褐色，仅在肾纹前、后可见，亚端区具1棕褐大斑，似桃形，亚缘线褐色双线波浪形，缘线黑褐色锯齿形，后翅赭白色。端区色暗；腹部灰黄色，基部稍白。

图4-131　丹日明夜蛾

分布：中国的东北地区、浙江、北京、福建、甘肃、河北、河南、四川、陕西、云南、台湾；朝鲜、日本、俄罗斯。

2. 胡桃豹夜蛾 *Sinna extrema* Walker（图4-132）

特　征：翅展32.0～40.0 mm。头部及胸部白色，颈板左、右各具1块橘黄斑；翅基片基部具1个整齐的橘黄长条；前、后胸具橘黄斑。前翅橘黄色，具许多白色多边形斑，外线为完整的白色曲折带，顶角具1块大白斑，其内有4块小黑斑，其后外缘后部有3个黑点；后翅白色微褐；腹部黄白色，背面微褐。

图4-132　胡桃豹夜蛾

分布：浙江、湖南、黑龙江、陕西、河南、江苏、江西、湖北、四川；日本。

3. 蓝条夜蛾 *Ischyja manlia* Gramer（图4-133）

特征：翅展85.0～100.0 mm。体红棕至黑棕色。雄蛾前翅基半部色暗，内线微黑，内侧衬黄色；环纹、肾纹大；外线呈2个外突齿；后翅外区有1个粉蓝曲带。雌蛾前翅环纹、肾纹小，肾纹简单，外线外方染有蓝白色，顶角有斜纹；后翅粉蓝色带较宽，脉端的黑斑不明显。腹部黑棕色。

分布：浙江、湖南、广东、广西、云南；印度、缅甸、菲律宾、印度尼西亚、斯里兰卡。

图4-133　蓝条夜蛾

4. 肾巾夜蛾 *Bastilla praetermissa* Warren（图4-134）

特征：翅展约58.0 mm。头部及胸部褐色。前翅褐色，中部具1条白色外斜宽带，中室端部具1个黑点，外线褐色，外斜，折角微曲内斜，后端与中带接近，外线外方翅色淡，顶角至外线折角处有1条暗褐斜纹；后翅暗褐色，中部有1条前宽后窄的楔形白带，近臀角有1条白纹及1块黑

图4-134　肾巾夜蛾

斑，端区色淡。

分布：浙江、湖北、江西、台湾、四川、云南。

5. 枯叶夜蛾 *Adris tyrannus* Guenee（图4-135）

特征：翅展98.0～110 mm。头、胸棕褐色，腹背橙黄色。前翅枯叶褐色，前缘隆拱，翅顶尖出，外缘和后缘连成弧形，臀角不显，自翅顶至后缘有1条笔直黑褐色斜线，其上缘伴以暗红色，在翅尖后有3道暗纹紧系斜线上如倒生的叶脉，使整个翅形像一叶片；肾纹黄绿色。后翅枯黄色，亚端区具1条牛角形黑带，中后部有1块肾形黑斑。

分布：浙江、河北、山西、山东、陕西、四川、广西、江苏、江西、上海、湖北、云南、贵州、河南、安徽、内蒙古、台湾、东北地区；日本。

图4-135　枯叶夜蛾

6. 木叶夜蛾 *Xylophylla punctifascia* Leech（图 4-136）

特征：翅展 106.0 ～ 110.0 mm。头部及胸部褐色。前翅灰褐色，布有细黑点，肾纹外侧的黑点尤密而粗；肾纹由 2 块银白色斑组成，前 1 斑窄而微钩，后 1 块斑三角形；肾纹至顶角有 1 条褐线；中线褐色，外斜至肾纹；外线双线褐色，折角于肾纹至顶角的纵线，其后内斜；亚缘线褐色，曲度与外线相似。后翅灰褐色，外线由 1 列黄圆斑组成，其周围色较黑褐；前、中足胫节基部各有 1 块银白斑，前、中足跗节基部有银白色。腹部灰褐色。

分布：浙江、湖南、四川、云南。

图 4-136　木叶夜蛾

7. 目夜蛾 *Erebus crepuscularis* Linnaeus（图 4-137）

特征：翅展 85.0 ～ 91.0 mm。头部咖啡色，胸部咖啡色至深褐色。前翅咖啡色至深棕褐色；基线较底色淡，模糊；内横线淡灰褐色，波浪形弯曲略外向弧形；中横线黑色至深黑褐色，外侧伴衬白色，在 Cu_2 脉处内凹角明显；外横线白色，前缘不显；亚缘线黑色至黑褐色，由前缘内斜至 M_3 脉，再外突后弯曲内斜，在 M_3 至 Cu_1 脉间内侧伴有 1 块黑色圆

图4-137　目夜蛾

点斑；外缘线淡棕褐色；外缘锯齿形；中横线至基部色深；外横线、亚缘线和外横线区在M_2脉前围成1块略三角形深斑；环纹圆形大眼斑，内半部色淡，变化较多，向外渐深；肾纹不显。后翅底色同前翅，基部灰白色；中横线深褐色，外侧伴衬灰色细条线；外横线白色；亚缘线前缘区白色，其外黑色，内侧伴衬少量白色，由Rs外突方形后波浪形内斜，在M_3至Cu_1脉间外突呈条形外突；外缘锯齿形。腹部灰褐色，第2～4节灰色渐淡。

　　分布：浙江、湖南、江西、湖北、福建、四川、广东、广西、海南、云南、台湾；韩国、泰国、日本、印度、缅甸、新加坡、印度尼西亚、斯里兰卡、尼泊尔。

　　8. 旋目夜蛾 *Spirama retorta* Linnaeus（图4-138）

　　特征：翅展60.0～62.0 mm。头胸部黄褐色至棕褐色；前翅亚端区灰绿色，具4条黑色的波折纹，翅中部具1块逗号形深色大斑，其轮廓线旋转一圈后伸达翅后缘。亚端区与大斑之间具1条深色的弧线。逗号形大斑内侧具1锈黄色的椭圆圈，其后方具2条黑色短线。后翅颜色和波折线与

图4-138　旋目夜蛾

前翅近似，但无旋转线条构成的大斑。

分布：浙江、江西、山东、辽宁、北京、河北、江苏、福建、湖北、广东、四川、云南、台湾；朝鲜、韩国、日本、缅甸、马来西亚、印度、斯里兰卡、尼泊尔。

9. 钩白肾夜蛾 *Bdessena hamada* Felder *et* Rogenhofer（图4-139）

特征：翅展38.0～42.0 mm。体灰黑色。头部灰黑色带褐色；下唇须黑褐色；触角线状灰色。胸部灰黑色，领片黑褐色。前翅底色灰褐色；基线不显，仅在前缘基部可见1个黑褐色小点；内横线黑褐色明显，由前缘呈波浪状圆弧形外曲至后缘；中横线为一条宽大的黑褐色暗影带，由前缘延伸至后缘；外横线黑褐色，由前缘呈波浪状斜向延伸至后缘；亚缘线棕褐色由前缘呈波浪状圆弧形外曲延伸至后缘；外缘线不明显；饰毛灰黑色；环纹为1个极小的白色小点；肾纹为1块白色钩状大斑。后翅底色灰褐色；新月纹为1块白色小椭圆形斑；外缘区部分灰色；饰毛灰褐色。腹部灰褐色。

分布：浙江、江西、山东、河北、福建、湖南、四川、云南；俄罗

图4-139　钩白肾夜蛾

斯、朝鲜、韩国。

10. 旋皮夜蛾 *Eligma narcissus* Cramer（图4-140）

特征：翅展66.0～73.0 mm。头部浅棕色至灰褐色。翅基片具黑色小斑点；前翅底色棕色，1条白色纹带，由宽渐细，由基部近前缘处略呈弧形并延伸至顶角，并于亚缘线区形成复杂网状淡色纹；基线仅可见4～5个黑点；内横线由5个互相分离的黑点组成，不明显；中横线仅在前缘具1个黑点；外横线黑色由前缘波浪形弯曲至后缘；亚缘线由1列黑色长点组成，由前缘呈与外缘平行弯曲至后缘；外缘线由翅脉间的小黑点组成；饰毛棕色；环纹及肾纹不显。后翅底色杏黄色，顶角及周围蓝黑色，约占整个翅面的2/5，与翅面底色分界明显；新月纹不显；外缘区为1列粉蓝色条状斑；饰毛灰白色。腹部亮黄色，每个腹节均具黑色斑块。

分布：浙江、江苏、上海、河北、山西、山东、福建、河南、湖北、湖南、福建、四川、云南、陕西、贵州、甘肃、东北地区；印度、日本、马来西亚、菲律宾、印度尼西亚。

图4-140　旋皮夜蛾

11. 巨仿桥夜蛾 *Anomis leucolopha* Prout（图4-141）

特征：翅展50.0～51.0 mm。体橘红色至红棕色。头部灰红色至深橘红色；触角灰红色。领片橘红色，有些个体泛淡黄色；肩板多色略深。前翅橘红色至暗橘红色，散布深红色和灰白色；基线深红色，短弧形；内横线深红色，由前缘小波浪形外斜至中室后缘，再以大波浪形略内斜至后缘；中横线深红色，前缘区缺失，其后波浪形略内斜至后缘；外缘线深红色由前缘波浪形弯曲内斜至Cu₁脉，其后缺失；亚缘线淡橘黄色，波浪形弯曲的略粗内斜线；外缘线和饰毛深红色；外缘在M₃脉段外伸呈尖角；环纹深红色圆斑，中央具白色点；肾纹深红色，腰果形，有些个体略模糊；基部后缘褐红色；外缘区和亚缘线区暗橘红色明显，翅脉灰白色可见。后翅深灰色至灰褐色；新月纹略显；外缘线灰色。腹部多灰色，散布淡橘红色。

分布：浙江（天目山）、江西；泰国、越南、印度尼西亚。

12. 间赭夜蛾 *Carea internifusca* Hampson（图4-142）

特征：翅展29.0～34.0 mm。头部棕红色掺杂焦红色；触角棕红色。

前胸棕红色，中、后胸灰色，中央两侧和中央具有棕红色至木红色。前翅棕红色至暗红色；基部赤红色；内横线赤红色，由前缘弧形弯曲至中室后再略平直地外斜至后缘近中部；中横线不明显；外横线赤红色，波浪形弧形弯曲，略外斜；亚缘线烟黑色，较模糊；外缘线棕红色；饰毛深红色；环纹不明显；肾纹模糊，深红色圆斑；亚缘线和外横线区在M脉前呈1块深红色三角斑；外缘线区灰色，近顶角散布青白色；后缘基部外斜明显，具灰白色。后翅较前翅淡，基部淡灰色；后缘区灰褐色。

分布：浙江、江西、台湾；日本、越南、泰国、印度。

图4-141　巨仿桥夜蛾　　　　　　　图4-142　间赭夜蛾

13. 日月明夜蛾 *Sphragifera biplagiata* Walker（图4-143）

特征：翅展30.0～36.0 mm。头部、胸部、领片和肩板白色。前翅白色；基线不明显；中横线不明显；外横线呈前半部棕红色，后半部黄白色的条带，外侧散布黑色小点斑；亚缘线淡棕色；外缘线白色，散布淡棕色，内侧散布黑色，在M₃脉后呈黑色点、条斑；亚缘线区前半部呈1棕红色椭圆形大斑，其后密布淡棕色，且向内延伸与外横线和中横线相连处相交；环纹不显；肾纹腰果形，外框棕红色，内部白色，散布棕红色。后翅黄白色至灰白色，由内至外渐深；外缘区密布棕灰色；饰毛白色。腹部前半部白色，后半部灰白色。

分布：浙江、江西、吉林、辽宁、河北、河南、湖北、湖南、江苏、福建、贵州、台湾；日本、朝鲜。

14. 显髯须夜蛾 *Hypena perspicua* Leech（图4-144）

特征：翅展27.0～28.0 mm。头部灰白色；下唇须灰色，向上前方延伸。胸部棕褐色，领片灰褐色。前翅棕褐色至深烟褐色；基部中央具1灰白色条带，沿后缘外斜与外横线相连；中横线不明显；外横线灰白色，在M_2脉处内折，呈尖角；顶角处具黑色斑；亚缘线呈青白色点斑；环纹为黑色小点斑；肾纹黑褐色，条形或前、后可见的两点斑；顶角较尖；外缘区多青白色；基部到外横线区棕褐色。后翅圆，深棕褐色，略散布红色；新月纹稍暗，隐约可见。腹部灰褐色，前3节灰白色，后几节渐淡。

分布：浙江、江西、湖北、四川；日本。

图4-143 日月明夜蛾　　　　　　　　图4-144 显髯须夜蛾

15. 翎壶夜蛾 *Calyptra gruesa* Draudt（图4-145）

特征：翅展58.0～61.0 mm。头部棕褐色。胸部棕褐色，中央灰白色。前翅棕褐色，散布灰色；基线明显，深褐色短弧形；内、中横线深褐色，与基线平行；外横线淡灰色，前半部弧形弯曲，后半部内斜至后缘，模糊；亚缘线呈双线，内侧线为棕褐色内斜直线，外侧线淡灰色；外缘线棕灰色；外缘外弧形；后缘基半部弧形外凸，端半部弧形内凹；环纹不明显；肾纹扁圆形，较模糊，其内侧前、后端黑色小点斑可见。后翅较前翅色淡；中横线褐色条带可见或模糊；基半部色略淡；外缘区色略深。腹部深褐色，前3节具有棕灰色毛簇。

分布：浙江、江西、陕西、湖北、湖南；韩国、日本。

图4-145　翎壶夜蛾

16. 太平粉翠夜蛾 *Hylophilodes tsukusensis* Nagano（图4-146）

特征：翅展32.0～39.0 mm。个体颜色差异较大。头部橘红色至棕褐色；触角棕褐色至棕黄色。胸部黄绿色至棕灰色；领片橘红色；肩板色深。前翅灰绿色至淡绿色；基部色略深，基线模糊；内横线深灰绿色至深绿色，略内斜直线；中横线不显；外横线为较粗的深灰绿色至深绿色内斜的近直线，有些个体内侧伴衬灰白色或底色变淡；亚缘线深灰绿色至深绿色大锯齿状，有些个体模糊；环纹不显；肾纹深灰绿色至深绿色小条斑，有些个体晕状较模糊；外缘线纤细的深灰绿色至深绿色细线；顶角尖锐；有些个体前缘区色较深。后翅灰白色至白色；翅脉可见或不显；有些个体缘区色较深，掺杂黄绿色。

分布：浙江、四川、台湾。

17. 掌夜蛾 *Tiracola plagiata* Walker（图4-147）

特征：翅展53.0～60.0 mm。个体变异较大。头部、胸部和领片深棕黄色；肩板棕黄色。前翅棕灰色至青灰色；基线为棕黑色的内斜短线；内横线棕黑色，由前缘略外斜至中室后缘弧形内斜；中横线棕黑色，在前缘区略可见；外横线多仅在翅脉上呈细小黑色点斑列；亚缘线多灰黄色；外缘线多同底色，内侧翅脉间伴衬棕褐色点斑列；外缘线区淡棕红色，M_3脉前较深；基线至外横线间的前半部淡棕红色至棕色；环纹多不显；肾纹黑褐色不规则大圆斑，散布棕红色。后翅前缘区灰黄色，其余部分棕褐色；横线和新月纹不显；外缘线灰黄色，内侧在Rs和2A脉间的翅脉间伴衬黑色小点斑。腹部淡棕红色。

分布：浙江、江西、山东、湖南、福建、海南、云南、青海、浙江、台湾、四川、西藏；泰国、老挝、越南、印度、斯里兰卡、印度尼西亚、马来西亚、斯里兰卡、菲律宾、大洋洲、美洲。

图4-146　太平粉翠夜蛾

图4-147　掌夜蛾

18. 白斑陌夜蛾 *Trachea auriplena* Walker（图4-148）

特征：翅展45.0～48.0 mm。头部及胸部黑褐色，头顶、颈板大部及翅基片中央黄绿色。前翅棕褐色掺杂黄绿色，以前缘区、内线内侧及外线外侧最为明显；基线为黑色双线，线间大部分白色，外侧在中室处有黄绿色弧纹；内线黑色，环纹黑色黄边，外侧具1块白斑斜至亚中褶；中线黑色，后半内斜，肾纹黄绿色，在中室下角为三角形黑点，外线黑色波浪形，亚缘线黄绿色，具黑斑；后翅黄白色，外半黑褐色；腹部浅褐灰色。

分布：浙江、江西、湖南、湖北、四川、云南、台湾；朝鲜、韩国、日本、俄罗斯。

图4-148　白斑陌夜蛾

19. 白点朋闪夜蛾 *Hypersypnoides astrigera* Butler（图4-149）

特征：翅展44.0～46.0 mm。头部及胸部暗棕色。前翅暗棕色，基线黑色波浪形；内线黑色波浪形，内侧衬淡褐色；肾纹为粉蓝圆斑；外线黑色波浪形，前半外弯，亚缘线黑色，中部外突，缘线为1列黑点，均衬以白色；外线与亚缘线间的前缘脉有3个白点；后翅灰褐色，亚缘线隐约可见，在臀角处色较淡褐，外缘有1个外衬白的黑点。腹部灰黑棕色。

分布：浙江、江西、福建、海南、四川、云南、台湾；斯里兰卡、泰国、越南、印度、尼泊尔、巴基斯坦。

20. 白光裳夜蛾 *Catocala nivea* Butler（图4-150）

特征：翅展约90.0 mm。头白色，头顶带黑色；触角基部白色，其余褐色；下唇须第2节灰白色，第3节褐色。胸部灰褐色，颈板黄褐色，有2条褐色横纹；翅基片白色与褐色掺杂。前翅灰褐色，密布褐色波纹；基线与内线仅在前缘区内明显；环纹椭圆形，白色，中央灰褐色；肾纹不明显，内线与外线为白色带黑边的波曲形；外线外方具2条褐色纵纹。后翅白色，具2条黑带，内1条短；缘毛白色。腹部灰黄色，第3节毛簇颈板黄褐色，

图4-149　白点朋闪夜蛾

图4-150　白光裳夜蛾

端部白色，腹面灰黄色。

分布：浙江（天目山）、湖北、四川。

21. 白线篦夜蛾 *Episparis liturata* Fabricius（图4-151）

特征：翅展37.0～39.0 mm。头部黄褐色。胸部黄褐色，胸背两侧及下胸后部白色；前翅黄褐色，基线、内线、外线及亚缘线白色；环纹为1个黑点；肾纹白色黑边，略呈三角形；中线棕色，后半波浪形，前端外侧有1条白纹；亚缘线微波浪形达臀角，前端具1块大黄斑。后翅褐色，前缘区白色，其余褐色，外线暗棕色外弯；亚缘线白色，在中褶处折角内斜；缘线白色，曲度与前翅缘线相似。腹部黄褐色。

分布：浙江、江西、云南；斯里兰卡、泰国、越南、印度、尼泊尔、老挝、柬埔寨、缅甸、菲律宾、印度尼西亚、孟加拉国。

图4-151　白线篦夜蛾

22. 变色夜蛾 *Hypopyra vespertilio* Fabricuis（图4-152）

特征：翅展74.0～82.0 mm。头部和颈板暗褐色。胸部背面暗灰色；前翅浅褐色，个体间略有差异，翅面密布黑棕色细点，内线褐色外弯；翅中室外端具黑棕色斑点1～5个，变化很大；中线棕黑色波浪形，中间有中断；外线棕黑色波浪形在翅脉位置呈黑点状；后翅灰褐色，端区带青色；中线为棕黑色双线，波浪形；外线棕黑色波浪形，在翅脉位置呈黑点状；后缘杏黄色。腹部杏黄色，前几节背面略带灰色。

分布：浙江、江西、山东、江苏、福建、广东、海南、云南、台湾；朝鲜、韩国、日本、斯里兰卡、越南、印度、尼泊尔、柬埔寨、缅甸、印度尼西亚。

图4-152 变色夜蛾

23. 大斑薄夜蛾 *Mecodina subcostalis* Walker（图4-153）

特征：翅展36.0 mm。体褐灰色带紫色。前翅淡紫灰褐色，基线暗褐色，只达中室，外侧1个黄点；内线暗褐色，外弯，前端内侧1条黄纹；环纹为1黑点；中线暗褐色，微波浪形，在前缘区粗壮，似小暗褐斑；肾纹窄，灰色褐边；外线褐色，锯齿形，前端两侧有黄斑纹；亚缘线前段白色，内侧1块黑棕色三角形大斑，其后为各翅脉上的白色尖点，列成锯齿形；后翅基半部有波浪形褐线，亚端区具1条黑棕色粗线，内侧衬暗黄色，外侧衬灰色，缘线黑棕色。

分布：浙江、江西、河北、河北、湖北、福建、广西、台湾；韩国、

图4-153　大斑薄夜蛾

泰国、尼泊尔、印度。

24. 赘夜蛾 *Ophisma gravata* Guenée（图4-154）

特征：翅展52.0～58.0 mm。体褐黄色。头部褐黄色，触角基部白色。前翅淡褐黄色，布有棕色细点，顶角略外突；中线暗棕色，直线内斜；外线不清晰，暗褐色，微弯；中线与外线之间色较淡；亚缘线模糊，锯齿形内斜，缘线由1列黑点组成，缘毛微白。后翅稍浅的黄色，亚端区具1条黑棕色宽带，前宽后窄缩，腹部淡褐黄色带灰色，腹面端部带赤褐色。

分布：浙江、江西、江苏、湖南、福建、海南、云南；印度、缅甸、马来西亚、新加坡。

图4-154　赘夜蛾

25. 霉巾夜蛾 *Bastilla maturate* Walker（图4-155）

特征：翅展58.0～60.0 mm。头部及颈板紫棕色；胸部背面暗棕色，翅基片中部1条紫色斜纹，后半带紫灰色。前翅紫灰色，内线以内带暗褐色；内线较直，稍外斜；中线直，内、中线间大部紫灰色；外线黑棕色，线斜向外成锐角后内斜，后接近平直延伸至后缘；亚缘线灰白色，锯齿形，在翅脉上呈白点；顶角至外线尖突处有1条棕黑色斜纹；后翅暗褐色，端区带有紫灰色。腹部暗灰褐色。

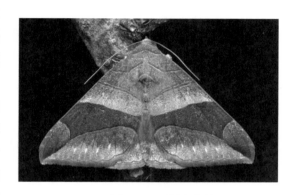

图4-155　霉巾夜蛾

分布：浙江、江西、山东、河南、江苏、福建、海南、四川、贵州、云南、台湾；朝鲜、韩国、日本、俄罗斯、马来西亚、印度、尼泊尔、印度尼西亚。

26. 苹梢鹰夜蛾 *Hypocala subsatura* Guenée（图4-156）

特征：翅展34.0～42.0 mm。个体间体色有变化，基本有两色型：一种前翅紫褐色，密布黑褐色细点，外横线和内横线棕色波浪形，肾纹有黑边，其余线纹不明显，后翅棕黑色，后缘基半部有1条黄色圆形大斑纹，臀角、近外缘中部和翅中部各有1橙黄色小斑。另一种前翅中部为深棕色，前缘近顶角处有1块半月形淡褐色斑，后缘为淡褐色波形宽带。后翅花纹与前一型相同。两色型翅的反面斑纹相同。腹部黄色有黑横条。

图4-156　苹梢鹰夜蛾

分布：浙江、辽宁、河北、河南、山西、陕西、甘肃、江苏、山东、云南、贵州、台湾；日本、印度。

27. 漆尾夜蛾 *Eutelia geyeri* Felder *et* Rogenhofer（图4-157）

特征：翅展36.0～39.0 mm。头部褐色掺杂灰色，下唇须下缘白色，颈板中部有1条灰横线。胸部褐色掺杂灰色，具1条白线横越翅基片及胸背；前翅褐色带枯黄色，基线双线白色；肾纹白色，前半有1块褐斑；外线双线黑色，内侧均衬白色，两线相距较宽，前半波曲，后半微波浪形，内斜，内侧在中折处有双黑纹。后翅白色带淡褐色，外线褐色，亚端区有1条暗褐宽带，其外缘波浪形，缘线双线暗褐色。腹部暗褐色。

图4-157　漆尾夜蛾

分布：浙江、江西、湖南、江苏、福建、四川、贵州、西藏、云南、台湾；朝鲜、韩国、日本、俄罗斯、泰国、越南、缅甸、尼泊尔、印度。

28. 霜剑纹夜蛾 *Acronicta pruinose* Guenée（图4-158）

特征：翅展32.0～44.0 mm。头部多棕灰色；触角棕褐色。胸部灰白色，中央两侧具棕褐色条线；领片灰褐色，后缘棕褐色；肩板灰白色。前翅亮灰色至灰色，散布淡棕色和灰白色；基线黑色至黑褐色双线，内侧线较模糊；内横线为黑色至黑褐色的波浪形外斜双线，不连续；中横线为黑色至黑褐色双线，中室后缘前可见点列；外横线为黑色至黑褐色波浪形双线，双线间灰白色，在前缘区外伸明显；亚缘线灰白色，模糊；外缘线由翅脉间黑色至黑褐色点列组成；环纹灰色圆斑，黑色至黑褐色外框部分可见；肾纹略长方形，散布棕色，内侧

图4-158　霜剑纹夜蛾

可见白色点斑，黑色至黑褐色外框部分可见；中室后缘中部至外缘散布灰白色；臀剑状纹仅在 Cu_1 脉呈较暗棕色的条斑。后翅灰色；外横线略见较深弧形条斑；新月纹较底色略暗，晕状。腹部土灰色至棕灰色，有些深灰色。

分布：江西、黑龙江、吉林、辽宁、江苏、湖北、西藏、台湾；朝鲜、韩国、日本、越南、缅甸、菲律宾、马来西亚、印度尼西亚、斯里兰卡、孟加拉国、印度、尼泊尔。

29. 斜纹夜蛾 *Spodoptera litura* Fabricius（图4-159）

特征：翅展34.0～46.0 mm。体多褐色，个体色泽差异较大。前翅灰褐色略带黄色，其上斑纹复杂；内横线和外横线灰白色略带黄色，呈波浪形；环纹和肾纹之间有3条白线组成的明显的较宽的斜纹；外缘区具白色短纹沿翅脉呈放射状。后翅白色，外缘暗褐色。

分布：浙江、江西、湖南、江苏、福建、山东、广东、海南、贵州、云南；朝鲜、韩国、日本、俄罗斯、印度尼西亚、印度、尼泊尔、巴布亚新几内亚、斐济、所罗门群岛、哥伦比亚、澳大利亚、新西兰。

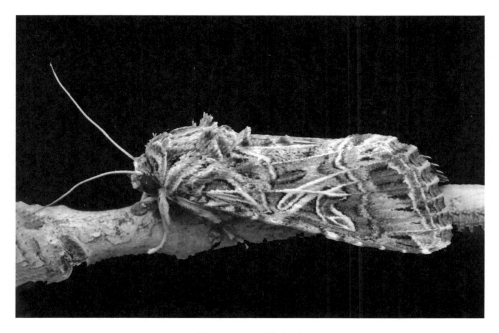

图4-159　斜纹夜蛾

30. 苎麻夜蛾 *Arcte coerula* Guenée（图 4-160）

特征：翅展 50.0～89.0 mm。个体色泽差异较大。头部黑褐色；触角黑色。胸部粗壮，棕红色至深棕色。前翅棕红色，散布青蓝色至青白色鳞片；基线黑色外斜至 2A 脉；内横线黑色，前粗后细，波浪形弯曲，外斜；中横线为黑色晕带，由前缘略弯曲外斜至中室后缘后再内斜至后缘；外横线黑色，内、外侧伴衬红色，整体呈"＞"形，前半段略弯曲，后半段齿状弯折；亚缘线 M_2 脉前淡棕红色，其后仅在翅脉间可见；外缘线棕红色，内侧翅脉间可见黑色点斑列；环纹呈 1 块黑色小点斑；肾纹淡棕色腰果形，中央具黑色曲线；顶角区呈底色大斑。后翅前缘区棕红色，散布烟黑色，其余部分底色黑色；中、外横线区蓝白色；外缘区仅在褶脉处可见窄蓝白色条带；外缘近臀角区开始凹陷明显。

分布：江西、河北、山东、浙江、湖北、湖南、福建、广东、海南、四川、云南、台湾；朝鲜、韩国、日本、俄罗斯、斯里兰卡、印度尼西亚、印度、尼泊尔及南太平洋若干岛屿。

图 4-160　苎麻夜蛾

（三）天蛾科Sphingidae

体中至大型，粗壮，纺锤形，末端尖；色彩较鲜艳。头较大，复眼明显，无单眼，喙发达，很长；触角中部加粗，尖端弯曲有小钩。前翅狭长，顶角尖锐，外缘倾斜；无1A脉，M_1脉从$R_3 \sim R_5$脉的柄上生出，或在基部相接近；后翅较小，近三角形，翅缰发达；第1条脉（$Sc+R_1$）与中室平行，有1个横脉与中室中部相连。

1. 豆天蛾 *Clanis bilineata* Mell（图4-161）

特征：翅展100.0～120.0 mm。体黄褐色，多绒毛。头、胸部背中线紫褐色。翅黄褐色；前翅狭长，前缘中央具形似三角形的灰白色斑；内线、中线及外线棕褐色，顶角近前缘有棕褐色斜纹，下方色淡，各占顶角的一半；翅面上可见6条波状横纹。后翅小，暗褐色，基部上方有色斑，臀角附近黄褐色。

图4-161　豆天蛾

中足及后足胫节外侧银白色。腹部背面棕褐，两侧枯黄，第5～7节的后缘有棕色环纹。

分布：中国黄淮流域和长江流域及华南地区；韩国、日本。

2. 红天蛾 *Deilephila elpenor* Linnaeus（图4-162）

特征：翅展55.0～70.0 mm。体红色为主，有红绿色闪光。头、胸部背面及两侧具纵向的红色带。翅红色带红绿色闪光；前翅基部黑色，前缘及外横线、亚外缘线、外缘及缘毛都为红色，外横线近顶角处较细，趋向后缘渐粗；中室具1个白色小

图4-162　红天蛾

点；后翅红色，靠近基半部黑色；翅反面色较鲜，前缘黄色。腹部背线红色，两侧黄绿色，外侧红色；腹部第一节两侧有黑斑。

分布：浙江、吉林、辽宁、河北、北京、山东、重庆、陕西、山西、江苏、安徽、上海、湖北、湖南、云南、贵州、江西、福建、新疆、台湾；朝鲜、日本。

3. 芋双线天蛾 *Theretra oldenlandiae* Fabricius（图 4-163）

特征：翅展 65.0 ～ 75.0 mm。体灰褐色。头及胸部两侧有灰白色缘毛；前翅灰褐色，由顶角到后缘具 1 条较宽浅黄褐色带，斜带内外有数条黑、白色条纹；中室端有黑点 1 个。后翅黑褐色，有灰黄色横带 1 条；缘毛白色。前、后翅反面有具 3 条暗褐色横线。腹部具 2 条平行的银白色背线，两侧有深棕色及淡黄色纵条。身体腹面土黄色，有不甚显著的黄褐条纹。

分布：广泛分布于华南、华中、西南、西北、华北和东北等地区。

图 4-163　芋双线天蛾

4. 栗六点天蛾 *Marumba sperchius* Menentries（图4-164）

特征：翅展90.0～125.0 mm。体、翅淡褐至棕褐；触角黄褐，肩板两侧鳞毛棕赭色，从头到尾部有1条暗褐背线纵贯，腹部体节间有细棕色环纹。前翅各线呈不甚明显的暗褐色斜纹，尤以中线斜度最大，内外共6条，后角内方在外线端部有1个赭黑圆点，其下方接近后缘有1块黑斑。后翅暗褐，后角处有1个暗褐圆点，外围镶有白色圈。

分布：浙江、北京、河北、吉林、辽宁、山东、湖北、湖南、江西、广东、广西、江苏、福建、台湾。

5. 平背线天蛾 *Cechetra minor* Butler（图4-165）

特征：翅展75.0～85.0 mm。体青褐色。头及肩板两侧有白色鳞毛；前胸背板中央具1个黑点。前翅灰褐色，自顶角至后缘有棕色斜线6条，各线间粉褐色，翅基部有黑斑，中室端有黑点1个；后翅灰黑色，中部有黄褐色横带；翅反面橙黄略带灰色，散布褐色斑点，中线齿状灰色。腹部背面具灰褐色条，两侧有黄褐色斑，身体腹面灰白色。

分布：浙江、四川、湖北、台湾、华南地区；印度、泰国、马来西亚。

图4-164　栗六点天蛾　　　　　　　图4-165　平背线天蛾

6. 鹰翅天蛾 *Oxyambulyx ochracea* Butler（图4-166）

特征：翅展85.0～110.0 mm。头顶及肩板绿色，颜面白色，胸部背板黄褐，两侧浓绿褐色。前翅橙褐，内线不明显，中横线及外横线呈褐绿色波浪纹，沿缘线褐绿色；顶角尖，外伸长并下弯曲呈弓状似鹰翅；在内横线部位的前、后缘处有绿褐及黑色斑2块，靠近后角内上方有褐绿及黑斑。

图4-166 鹰翅天蛾

图4-167 黑角六点天蛾

图4-168 大星天蛾

后翅橙黄，有明显的棕褐中横带及外缘带，后角上方有褐绿色斑。前、后翅反面橙黄色，前翅外缘呈灰白色宽带。腹部第6节两侧及第8节的背面有褐绿色斑。

分布：浙江、河北、辽宁、山西、陕西、山东、河南、湖北、湖南、江苏、福建、云南、贵州、广东、广西、海南、香港、澳门、台湾。

7. 黑角六点天蛾*Marumba saishiuana* Okamoto（图4-167）

特征：翅展80.0～100.0 mm。体及翅灰黄褐色。前翅狭长，黄褐色，具数条深浅不一的暗褐色横带，外缘齿状棕黑色；前翅顶角具大三角形黑斑，近臀角处有1～2块黑斑；前翅横脉上具白色斑点；后翅略带红棕色，后缘臀角处有2块黑斑。

分布：浙江（天目山）；韩国、印度、日本、马来西亚、印度尼西亚、越南。

8. 大星天蛾*Dolbina inexacta* Walker（图4-168）

特征：翅展95.0 mm。体翅暗黄色，有金色光泽；肩板外缘有白色细纹，胸背中央有"八"字形白色纹；腹部背线由棕黄色斑点组成，两侧各有1行白褐色圆点；腹部腹面白色，各节有白褐色斑两块；前翅内线由两条棕褐色波状纹组成，两纹间白色，中线及外线由棕黑色波状纹组成，各线纹间暗黄色并有金色光泽，中室具白色圆星1个；后翅棕褐色，基部色较淡，缘毛白色。

分布：浙江（天目山、古田山、莫干山）、江西、台湾；印度。

9. 大背天蛾 *Meganoton analis* Felder（图4-169）

特征：翅展160.0～180.0 mm。头灰褐；胸部发达、肩板外缘有较粗的黑色纵线，后缘有黑色斑1对；胸部腹面白色。前翅赭褐色，密布灰白色点，内线不明显，中线赭黑较明显，外线不连续，外缘白色间断；翅顶角的斜线前有近三角形赭黑色斑，在M_1脉的近顶端有椭圆形斑，中室具1个白点及1条较宽的赭黑色斜线，后者直通向R_3与M_3脉之间；前翅基部后缘有棕黑色毛。后翅赭黄色，近后角有分开的赭黑色斑，并有不甚显著的横带达后翅中央。腹部背线赭褐色，两侧有较宽的赭褐色纵带及断续的白色带；腹部的腹面白色。

分布：浙江、江西、四川、云南、福建、广东；印度。

图4-169　大背天蛾

10. 蒙古白肩天蛾 *Rhagastis mongoliana* Butler（图4-170）

特征：翅展46.0～65.0 mm。体棕褐色，头部及肩板两侧有白色鳞毛。触角棕黄色；胸部背板深棕褐，后缘有橙黄色毛丛。前翅棕褐色略带绿色，端部稍浅；各横线由黑点组成，外线与外缘间呈黄灰褐色，顶角内侧有1个黑点，后缘基半部及外缘内侧中部污白色至枯黄色。后翅棕褐色，外缘毛白色间杂有黑色点。腹部背中两侧有排列成行的棕褐色小点。

分布：浙江、黑龙江、台湾、湖南、海南、贵州、华北地区；日本、朝鲜、苏联。

11. 紫光盾天蛾 *Phyllosphingia dissimilis sinensis* Jordan（图4-171）

特征：翅展105.0～115.0 mm。头棕色，下唇须红褐色。胸部背线宽棕黑色；前翅棕褐色，有较强的紫红色光泽，内线及外线色稍深；前缘中部有1块较大紫色盾形斑；外缘色深且呈钝齿状；后翅有3条深色横带，接近前缘的色深而宽，中部两条呈波浪形，外缘色偏紫。前翅反面粉色深，后翅反面有明显白色中带。腹部背线紫黑色较细，各节间有较长的紫褐长绒毛。

分布：浙江、黑龙江、北京、山东、华南地区；日本、印度。

图4-170　蒙古白肩天蛾　　　　图4-171　紫光盾天蛾

12. 鬼脸天蛾 *Acherontia Lachesis* Fabricius（图4-172）

特征：翅展100.0～120.0 mm。胸部背面有骷髅形斑纹，眼斑以上有灰白色大斑。前翅黑色，有微小的白色点及黄褐色鳞片间杂；内横线及外横线各由数条深浅不同色调的波状纹组成，顶角附近有较大的茶褐色斑，中室有1个灰白色小点；后翅杏黄色，中部、基部及外缘处有3条较宽的黑色横带，后角附近有1块灰蓝色斑。前翅反面粉黄色，各横线烟黑色，内、外侧有白色毛镶衬，翅基部有灰黑色毛丛，中线双行，中间有黄白色斑。腹部黄色，各环节间有黑色横带，背线青蓝色较宽，第5环节后盖满整个背面。

分布：浙江、陕西、甘肃、湖南、海南、广东、广西、福建、云南、台湾；日本、印度、缅甸、斯里兰卡。

13. 构月天蛾 *Parum colligata* Walker（图4-173）

特征：翅展70.0～160.0 mm。体绿色。胸部灰绿色，肩板棕褐色。翅褐绿色；前翅基线灰褐色，内线与外线之间具比较宽的茶褐色带，中室末端具1个白点，外线暗紫色，顶角具1块略圆形暗紫色斑，内侧白色呈月牙形，顶角至后角间有弓形的白色带；后翅浓绿色，外线色较浅，后角具1块棕褐色斑。

分布：浙江、陕西、甘肃、北京、河北、河南、山东、吉林、辽宁、湖南、广东、海南、广西、贵州、四川、台湾；日本、印度、缅甸、斯里兰卡。

图4-172　鬼脸天蛾　　　　　图4-173　构月天蛾

14. 芝麻鬼脸天蛾 *Acherontia styx* Westwood（图4-174）

特征：翅展100.0～120.0 mm。头部棕黑色；肩板青蓝色，胸部背面具骷髅形纹。前翅棕黑色，翅基下部有橙黄色毛丛，翅面间杂有微细白点及黄褐色鳞毛；基线及亚缘线由数条隐约可见的波状纹组成，中室有1个小黄点，近外缘有橙黄色横带。后翅黄色，有2条棕黑色横带；翅基部有棕褐色斑。腹部中央具1条蓝色中背线，各腹节有黑黄相间的横纹。

分布：浙江、北京、河北、河南、山东、山西、福建、江苏、江西、广西、广东、湖南、海南、云南、台湾；日本、朝鲜、印度、斯里兰卡、缅甸。

15. 葡萄天蛾 *Ampelophaga rubiginosa* Bremer *et* Grey（图4-175）

特征：翅展85.0～100.0 mm。体肥大呈纺锤形，体茶褐色，背面色暗，腹面色淡，近土黄色。体背中央自前胸到腹端1条灰白色贯穿纵线，复眼后至前翅基部具1条灰白色较宽的纵线。复眼球形较大，暗褐色；触角短栉齿状，背侧灰白色。翅茶褐色，前翅各横线均为暗茶褐色；中横线较宽，内横线次之，外横线较细呈波纹状，前缘近顶角处有1块暗色三角形斑，斑下接亚外缘线，亚外缘线呈波状，较外横线宽。后翅周缘棕褐色，中间大部分为黑褐色，缘毛色稍红。翅中部和外部各有1条暗茶褐色横线，翅展时前、后翅两线相接，外侧略呈波纹状。

分布：浙江、黑龙江、吉林、辽宁、内蒙古、陕西、宁夏、甘肃、河北、河南、山东、江苏、江西、安徽、湖北、湖南、四川、广东；日本、朝鲜。

图4-174　芝麻鬼脸天蛾

图4-175　葡萄天蛾

16. 雀纹天蛾 *Theretra japonica* Orza（图4-176）

特征：翅展67.0～72.0 mm。体绿褐色。头部及胸部两侧有白色鳞毛，背部中央有白色绒毛，背线两侧有橙黄色纵条；触角背面灰色，腹面棕黄色。前翅黄褐色，后缘中部白色，顶角达后缘方向有6条暗褐色斜条纹，中室端具1个小黑点；后翅黑褐色，后角附近有橙灰色三角斑，外缘灰褐色。腹部背线棕褐色，两侧有数条不甚明显的暗褐色条纹，各节间有褐色横纹，两侧橙黄色，腹面粉褐色。

分布：全国分布；朝鲜、日本、俄罗斯。

17. 条背线天蛾 *Cechetra lineosa* Walker（图4-177）

特征：翅展50.0～55.0 mm。体橙灰色；头及肩板两侧有白色鳞毛；触角背面灰白色，腹面棕黄色；胸部背面灰褐色，有黄色背线；前翅自顶角至后缘基部有橙灰色斜纹，前缘部位有黑斑，翅基部位有黑、白色毛丛，中室端有黑点，顶角尖黑色；后翅黑色有灰黄色横带；翅反面橙黄色，外缘灰褐色，顶角内侧前缘上有黑斑，各横线灰黑色。腹部背面有棕黄色条纹，两侧有灰黄及黑色斑，身体腹面灰白色，两侧橙黄色。

分布：浙江、吉林、四川、台湾、华南地区；马来西亚、日本、印度尼西亚、越南。

图4-176　雀纹天蛾　　　　　　图4-177　条背线天蛾

（四）箩纹蛾科 Brahmaeidae

体中至大型，形似大蚕蛾。触角双栉齿状，喙发达，下唇须很大。翅宽大，翅色浓厚，有许多复杂而醒目的箩筐条纹和波状纹。

青球箩纹蛾 *Brahmaea hearseyi* White（图4-178）

特征：翅展103.0～165.0 mm。体青褐色。中胸及后胸背板灰褐色。翅褐灰色，前翅中带底部球形斑纹，上有3～6个黑点，部分个体上的黑点数量不同，或左右不对称，中线顶部外侧内凹弧形，弧形外有1块圆形灰色斑，上有4条横贯的白色鱼鳞纹，中带外侧有6～7行箩筐行纹，排列成5垄，翅外缘有7个青灰色半球形斑，其上有3块似葵花籽形斑，中线内侧与翅基间有6个纵行的青黄色条纹。后翅中线曲折，内侧棕黑，有灰黄色斑，外侧有箩筐行条纹9垄，呈水浪纹状，青黄间有棕黑色，外缘有1列半球状斑。腹部节间有深色横纹，有不甚明显的背线。

分布：浙江、河南、湖北、湖南、福建、广东、四川、贵州；印度、缅甸、印度尼西亚、原锡金。

图4-178 青球箩纹蛾

（五）大蚕蛾科Saturniidae

体大型，翅展可达150.0～210.0 mm。体翅色彩绚丽，或粉翠色。喙退化，缺下颚须，下唇须短或缺。触角短双栉形；翅宽大，部分种类翅面上有透明眼形斑；后翅肩角膨大，无翅缰，Cu_2有时消失，前翅R仅有4或3个分枝，一般R_2与R_3同柄，后翅Sc分离，或在基部以1个横脉与R相连。某些种的后翅上有飘带形似燕尾，长可达70.0～85.0 mm。

1. 角斑樗蚕蛾 *Samia cynthia watsoni* Oberthür（图4-179）

特征：翅展114.0～140.0 mm。体青褐色，头部四周、颈板前端、前胸后缘、腹部背线、侧线、末端，及足腿节外侧均有白色绒毛。前翅褐色，顶角后缘呈钝钩状，圆而突出，粉紫色，具1块黑色眼状斑，斑的上端为白色弧形。前、后翅中央各有1块较大的新月形斑，上缘深褐色，中间半透明，下缘土黄色，外侧有1条纵贯全翅的宽带，中间粉红色，外为白色，内深褐色，宽带上各有1内向的浅凹，基角褐色。前翅基角边缘有1条灰白色"L"形纹，后翅基角边缘有白色的弧形纹，外缘有4条黄褐色波状纹。

分布：我国华东和西南都有分布。

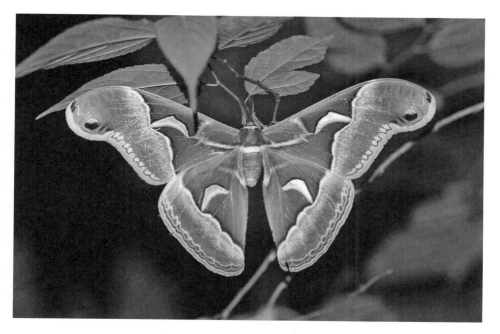

图4-179　角斑樗蚕蛾

2. 长尾大蚕蛾 *Actias dubernardi* Oberthir（图4-180）

特征：翅展90.0～120.0 mm。体黄白色，披淡黄长毛。头黄褐色，胸部前方有紫红色横纹。翅绿色，有粉红色宽边，外缘黄色。前翅三角形，翅前缘具紫红色纵带，延伸略超过翅长的1/2；有1块眼形斑，紧连前缘线中部。后翅有长尾突，长度超过体长的4倍，除顶端绿色外，大部分为粉红色。

分布：浙江、湖北、湖南、福建、贵州、广西、广东、云南。

3. 绿尾大蚕蛾 *Actias selene ningpoana* Felder（图 4-181）

特征：翅展 115.0～126.0 mm。体粉绿色。头部、胸部及肩板基部前缘有暗紫色深切带。触角土黄；雄、雌均呈长双栉形。翅粉绿色，基部有较长白色绒毛；前翅前缘暗紫，混杂有白色鳞片，翅脉及两条与外缘平行的细线均淡褐色，外缘黄褐；中室端有 1 块眼形斑，斑中央在横脉处呈 1 条透明横带，其外侧黄褐，内侧橙黄，外镶黑边及红色月牙形纹。后翅自 M_3 脉后延伸成长 40.0 mm 左右的尾带，尾带末端常卷折，中室眼斑与前翅相似，略小，外线黄褐色。

分布：浙江、吉林、辽宁、河北、河南、江苏、浙江、江西、湖北、湖南、福建、广东、海南、四川、广西、云南、西藏、台湾；日本。

图 4-180　长尾大蚕蛾

图 4-181　绿尾大蚕蛾

4. 华尾大蚕蛾 *Actias sinensis* Walker（图 4-182）

特征：翅展 100.0～110.0 mm。体白色；肩板及前胸前缘紫红色，胸部两侧具较长的白色绒毛。翅绿色，前翅三角形；翅前缘具紫红色纵带，翅脉黄褐色明显可见；前、后翅的亚端区和基部各有 1 条草绿色横线。前、后翅的中央各有 1 块粉红色眼形斑，黑、白、紫红三色短弧线纹构成眼斑的内侧轮廓。后翅色斑与前翅相似，中室的眼形斑比前翅上的稍大；有较长的尾突，基部宽，端部尖。

分布：浙江、湖北、广东、海南、广西、重庆、四川、西藏、江西、湖南。

图4-182　华尾大蚕蛾

5. 粤豹天蚕蛾 *Loepa kuangdongensis* Mell（图4-183）

特征：翅展70.0～90.0 mm。体黄色；腹部两侧色稍淡。颈板及前翅前缘黄褐色；前翅内线紫红色，外线灰黑色波状，亚外缘线蓝黑色双行齿状，外缘线较浅灰色，顶角稍外突，下方有1块椭圆形黑斑，黑斑上方有红色及白色线纹；中室端部具1块椭圆形眼状斑。后翅横线及眼斑与前翅相似。

分布：亚洲东南部。

6. 银杏大蚕蛾 *Caligula japonica* Butler（图4-184）

特征：翅展100.0～120.0 mm。体灰褐至紫褐色。头灰褐色，触角黄褐色。肩板与前胸间有紫褐色横带；胸部有较长黄褐色毛。前翅顶角外

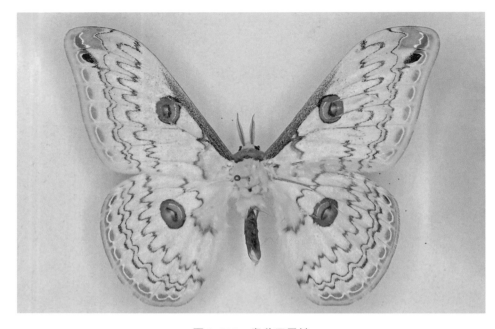

图 4-183　粤豹天蚕蛾

图 4-184　银杏大蚕蛾

突，顶端钝圆，内侧近前缘处有肾形黑斑；内线紫褐色较直；外线暗褐色，内线与外线间有较宽的粉紫色区；亚外缘线由两条赤褐色波浪纹组成；亚外缘线与外线间呈棕黄色；近后角有白色月牙形纹；中室端有月牙形透明眼斑，斑的周围有白色及暗褐色轮廓。后翅中室端的眼形斑较大，珠晖黑色，外围有1个灰橙色圆圈及2条银白色线，后角内侧的白色月牙较前翅明显。腹部各节间色稍深，两侧及端部有较长的紫褐色毛。

分布：浙江、黑龙江、吉林、辽宁、河北、山东、湖北、陕西、江西、湖南、四川、贵州、广西、广东、海南、台湾。

（六）灯蛾科 Arctiidae

体小至中型，少数为大型。身体较粗壮，色彩较鲜艳，通常为黄色或红色，多具条纹或斑点，有的种类具有金属光泽。苔蛾亚科无单眼，其他亚科有单眼。后翅 Sc+R$_1$ 与 Rs 在中室中部或以外有一长段并接。有些种类在色泽花纹上雌雄两性变异较大。苔蛾亚科很多种类的雄蛾前翅常具第二性征的香鳞。

1. 大丽灯蛾 *Aglaomorpha histrio* Walke（图 4-185）

特征：翅展 66.0～100.0 mm。体橙色。头顶中央有1个小黑斑；额、下唇须及触角黑色；颈板橙色，中间有1块大黑斑，带光泽。翅基片黑色，胸部有黑色纵斑。前翅黑色，前缘区从基部至外线处有4块黄白斑；中室末有1个橙色斑点，中室外有3块斜置的黄白色大斑。后翅橙色，中室中部下方至后缘有1条黑带，横脉纹为大黑斑，其下方有2块黑斑；外缘黑色，其内缘成齿状，在亚中褶外缘处有1块黑斑。腹部背面具黑色横带，第1节的黑斑呈三角形，末2节的黑斑呈方形，侧面及腹面各具1列黑斑。

分布：浙江、吉林、安徽、江苏、福建、江西、湖北、湖南、江西、广西、四川、贵州、云南、台湾；朝鲜、俄罗斯、日本。

2. 人纹污灯蛾 *Spilarctia subcarnea* Walker（图 4-186）

特征：翅展 40.0～52.0 mm。雄蛾头、胸黄白色，下唇须红色，顶端黑色。触角黑色。前翅黄白染肉色，通常具1个显著的黑色内线点和1列黑色外线点，后者有时减少至1个点；静歇时，两翅外线点连在一起呈"人"字形。后翅红色，缘毛白色，或后翅白色，后缘染红色或无红色；

前翅反面或多或少染红色，后翅反面横脉纹黑点。腹部背面除基节与端节外红色，腹面黄白，背面、侧面具有黑点列。雌蛾黄白色，无红色。

分布：浙江、黑龙江、吉林、辽宁、河北、山西、内蒙古、陕西、河南、山东、安徽、江苏、福建、江西、湖北、湖南、广东、广西、四川、贵州、云南、台湾；日本、朝鲜、菲律宾。

图4-185　大丽灯蛾　　　　　　　　图4-186　人纹污灯蛾

3. 八点灰灯蛾 *Creatonotos transiens* Walker（图4-187）

特征：翅展38.0～54.0 mm。头、胸白色，稍染褐色；下唇须第3节、额边缘和触角黑色。前翅白色，除前缘及翅脉外染褐色，中室上、下角内、外方各有1个黑点。后翅白色或暗褐色，有时具有黑色亚端点数个。腹部背面橙色，腹末及腹面白色，腹部背面、侧面和亚侧面具有黑点列。

分布：浙江、山西、陕西、河南、山东、安徽、江苏、福建、江西、湖北、湖南、广东、海南、广西、四川、贵州、云南、西藏、台湾；印度、原锡金、缅甸、菲律宾、越南、印度尼西亚等。

4. 粉蝶灯蛾 *Nyctemera adversata* Schaller（图4-188）

特征：翅展44.0～56.0 mm。体白色。头及颈板黄色；额、头顶、颈板、肩角、胸部各节具1个黑点；翅基片具2个黑点。前翅白色，翅脉暗褐色，中室中部具1条暗褐色横纹，中室端部具1暗褐色斑，Cu_2脉基部至后缘上方有暗褐纹，Sc脉末端起至Cu_2脉之间为暗褐色斑，臀角上方具1块暗褐斑，臀角上方至翅顶缘毛暗褐色；后翅白色，中室下角处具1块暗褐斑，4～5个亚缘线暗褐斑纹。腹部白色、末端黄色，背面、侧面具黑点列。

分布：浙江、福建、江西、湖北、湖南、江苏、广东、广西、海南、四川、云南、西藏、台湾、北京、内蒙古、河南；日本、印度、尼泊尔、马来西亚、印度尼西亚。

图4-187　八点灰灯蛾　　　　　图4-188　粉蝶灯蛾

5. 红星雪灯蛾 *Spilosoma punctaria* Stoll（图4-189）

特征：翅展36.0～48.0 mm。雄蛾白色。下唇须上方黑色，下方白色与红色混合，触角黑色，长而尖端细小，栉齿短。胸白色；翅基片大多具黑点，前翅白色，基部具黑点；亚基线、内线、中线及外线在前缘处各具1个明显的黑点；中线点在中室折角，向后缘内斜，中室上角具1个黑点，中室下角外方具1个黑点；外线点在中室外弯曲斜向后缘；后翅白色，后缘区有时染红色，横脉纹黑斑较大，亚缘线黑斑一般不连接；前翅反面前缘有红带，翅中央有黑斑，各线黑斑较显著。前足基节红色，腿节上方红色，胫节与跗节黑色，腹部背面除基节与端节外腥红色；背面、侧面及亚侧面具有黑点列。

雌蛾翅斑减少，前翅各带不显著，反面前缘无红带，大多数阴暗，触角线形具纤毛，黑色，其基部和顶端白色，翅基片无黑点。

分布：浙江、黑龙江、吉林、辽宁、北京、陕西、江苏、安徽、江西、湖北、湖南、四川、贵州、云南、台湾；日本、西伯利亚。

6. 红点浑黄灯蛾 *Rhyparioides subvaria* Walker（图4-190）

特征：翅展29.0～42.0 mm。褐黄色，雄蛾触角锯齿形、暗褐色，下唇须上方及额暗褐色，下唇须下方红色。下胸褐色；前翅内线、中线及外线的黑点列或有或无；中室中部具1列黑点，中室下角具1个暗褐点，中室上角内、外方各具1列黑点；横脉纹上具1条红纹；缘毛具暗褐点；后翅红色，中室中部下方具1列黑点，横脉纹具1块大黑斑，3～4个亚端点；前翅反面红色，中室内有1个黑点，横脉纹有1块大黑斑，外线黑点数个，1脉上常有黑色纵条纹。足褐色，基节侧面及腿节上方红色，腹部背面橙色，背面及侧面各具1列黑点，腹部腹面红色。

雌蛾前翅内线点、中线点及外线点暗褐色；后翅中线点较雄蛾多。

分布：浙江、江西、福建、湖北、湖南、安徽、四川、广东沿海、华北；朝鲜、日本。

图4-189　红星雪灯蛾　　　　　　图4-190　红点浑黄灯蛾

7. 漆黑望灯蛾 *Lemyra infernalis* Butler（图4-191）

特征：翅展雄34.0～46.0 mm。本种雌雄异型，雄蛾黑色，头顶、颈板、肩角红色或橙红色，额、触角及下唇须上方黑色，下胸、下唇须下方及红色。前、后翅全为黑色。足基节红色。腹部红色，背面、侧面及亚侧面各有1列黑点。

雌蛾赭白至黄色，下唇须第3节及触角黑色，颈板侧缘有红毛，翅黄白至黄色，前翅无斑点；后翅后缘基区常染红色，有时横脉纹具褐点，亚端点褐色、或有或无、3～5个褐点。足染褐色，腹部背面除基节与端节外红色，背面、侧面及亚侧面各具1列黑点，腹部末端黄色、较膨大。

分布：浙江（天目山）、辽宁、北京（松山）、陕西（秦岭）、湖北（神农架）、湖南；日本。

8. 优雪苔蛾 *Cyana hamata* Walker（图4-192）

特征：翅展26.0～38.0 mm。体白色。下唇须及触角褐色；颈板、胸及翅基片的带和后胸斑点红色。胸背端部染红色；雄蛾前翅亚线红色，向前缘扩展；内线红色，在中室向外折角达中室端的红点，并在亚中褶向内折角后达后缘；横脉纹上有1～2个黑点；外线红色斜线稍曲波形；缘线红色。后翅红色，缘毛白色。前足胫节和跗节具褐带。

雌蛾前翅横脉纹上有1个黑点。

分布：浙江、陕西、河南、江苏、湖北、江西、福建、湖南、广东、广西、海南、四川、贵州、云南、台湾；日本、朝鲜。

图4-191　漆黑望灯蛾　　　　　图4-192　优雪苔蛾

9. 东方美苔蛾 *Miltochrista orientalis* Daniel（图4-193）

特征：翅展27.0～50.0 mm。体黄至橙黄色。头顶、肩角、翅基片具黑点及红毛。前翅脉间密布红色短带；内线及外线黑灰点位于黄带上；外线脉上黑灰点在中室外折角后内斜至后缘，黑灰点长短不一，有的呈长带；反面红色；后翅粉红，内半色较淡而透明。腹部染红色。

分布：浙江、陕西、福建、湖北、江西、广东、广西、海南、四川、云南、西藏、台湾。

10. 乌闪网苔蛾 *Paraona staudingeri* Alpheraky（图4-194）

特征：翅展35.0～54.0 mm。体暗灰褐色，稍带蓝色光泽；颈板、下唇须（除尖端外）、后胸金黄色至橙红色；前翅暗灰褐色，翅脉处黑色；后翅颜色较浅，从浅灰色到变色，无蓝光，翅脉处深色。足腿节金黄色至橙红色；腹部腹面金黄色至橙红色，肛毛簇染赭色。

分布：吉林、陕西、河南、江西、湖北、湖南、福建、四川、云南、台湾；朝鲜、日本、尼泊尔。

图4-193　东方美苔蛾

图4-194　乌闪网苔蛾

11. 异美苔蛾 *Aberrasine aberrans* Butler（图4-195）

特征：翅展22.0～26.0 mm。头、胸橙黄色。前翅橙红色；基点黑色，2个亚基点斜置于中室下方，前缘基部至内线处黑边，内线在中室折角；中线在中室向内折角与内线相遇，然后向外弯；中室端具1个黑点；外线起点与中线起点靠近，呈不规则齿状；亚缘线，缘毛黄或黑色；后翅淡橙红色；前翅中线有时退化。腹部暗褐色，基部灰色。

图4-195　异美苔蛾

分布：浙江、黑龙江、吉林、陕西、河南、江苏、福建、江西、湖北、湖南、广东、海南、台湾、四川；日本、朝鲜。

12. 圆斑苏苔蛾 *Thysanoptyx signata* Walker（图4-196）

特征：翅展26.0～42.0 mm。雌蛾头、颈板及翅基片基部黄白色，触角、翅基片端部及胸黑色，前翅灰黄色，前缘区外线点以内色较浅，外线黑点位于前缘上，中室末端下方至近后缘处具黑色大圆斑，反面中域暗褐色，其余黄色；后翅黄色。足胫节及跗节黑褐色，腹部背面灰色，端部及腹面黄色。

雄蛾前翅底色较灰，前翅中室具褶，中室褶的基部具有大簇短的黄色鳞片缨；后翅后缘区基部有一些粗鳞片。

分布：浙江（天目山）、福建（崇安、建阳）、江西（九连山）、湖北（鹤峰、咸丰、宣恩、兴山）、湖南（慈利、桑植、祁阳、东安）、广西（桂林、猫儿山、乐业、武鸣、大明山）、四川（峨眉山、万州区、青城山）、云南（景东、盐津）。

13. 之美苔蛾 *Miltochrista ziczac* Walker（图4-197）

特征：翅展20.0～32.0 mm。体白色。下唇须黑灰色具白毛；顶尖白色，额与头顶具黑点；颈板与翅基片具红斑。前翅前缘下方在内线以内具红带；外线至翅顶为红色前缘带，外缘区为红色带；前缘基部1个暗褐点，亚基线黑色，从中脉达臀脉，前缘从基部至内线具黑边；内线在前缘下方向外弯后斜，在亚中褶处向外折角，黑色中线微波形，在中室内向内曲；中脉末端上方及横脉上具黑斜带，黑色外线起自前缘近中线处、高度齿状、在前缘下方向外曲后斜，其外方具1列黑点；后翅淡红色。足暗褐与白色，腹部染暗褐色。

分布：山西、陕西、河南、江苏、湖北、浙江、江西、湖南、福建、广东、广西、四川、云南、台湾。

图4-196　圆斑苏苔蛾

图4-197　之美苔蛾

（七）刺蛾科 Limacodidae

体中型，粗壮，翅短、阔、圆，身体和前翅密生绒毛和厚鳞，大多黄褐色、暗灰色和绿色，少数底色白色具斑纹，口器退化，下唇须短小，少数属较长。雄性触角双栉齿状，雌性的丝状。纵脉主干在中室内存在，并常分叉。前翅 R_3、R_4 与 R 共柄或合并。

1. 宽黄缘绿刺蛾 *Parasa tessellata* Moore（图 4-198）

特征：翅展 20.0～43.0 mm。头和胸背绿色，胸背中央具 1 条红褐色纵线。前翅绿色；基部红褐色斑在中室下缘和 A 脉上呈钝角形曲；外缘具 1 浅黄色宽带，带内布满红褐色雾点，在中央似呈 1 条带状，带内翅脉和内缘红褐色，后者在前缘下和臀角处呈齿形内曲。后翅淡黄色，缘毛至少在臀角处呈红褐色。腹部浅黄色。

分布：浙江、江苏、江西、湖北、湖南、广东、广西、四川、贵州、陕西、甘肃。

2. 梨娜刺蛾 *Narosoideus flavidorsalis* Staudinger（图 4-199）

特征：翅展 29.0～36.0 mm。体褐黄色。雌虫触角丝状，雄虫触角羽毛状。胸部背面有黄褐色鳞毛。前翅褐黄色至暗褐色；外横线清晰，暗褐色，广弧形；外线以内的前半部褐色较浓，后半部黄色较显；外缘为深褐色宽带。前缘有近似三角形的褐斑。后翅褐色至棕褐色。缘毛黄褐色。

分布：北京、吉林、黑龙江、浙江、福建、江西、山东、河南、湖北、湖南、广东、广西、四川、贵州、云南、陕西；朝鲜、日本、西伯利亚东南。

图 4-198　宽黄缘绿刺蛾

图 4-199　梨娜刺蛾

3. 黄刺蛾 *Cnidocampa flavescens* Walker（图4-200）

特征：翅展20.0～31.0 mm。体黄褐色。胸部背面鳞毛厚而密。前翅基半部黄色，端半部淡褐色，两色区分界线从顶角至后缘中部。黄色区内具2块褐斑（1块在翅中部，另1块相对靠近基部和后缘）。有2条褐色线自顶角分开，向后缘斜伸。前缘线褐色，外缘线深褐色，缘毛浅褐色，中间有1条褐色细线。后翅黄或赭褐色。

分布：中国（除新疆、西藏目前尚无记录）；日本、朝鲜、俄罗斯（西伯利亚）。

4. 中国绿刺蛾 *Parasa sinica* Moore（图4-201）

特征：翅展21.0～28.0 mm。头及胸背部绿色。前翅绿色；其基部具1块褐斑，在中室下缘呈三角形外曲，外缘具1条褐色带，窄而规则，仅Cu_2脉向内突成钝齿状，缘毛褐色。后翅全部灰褐色，缘毛灰黄色。腹部灰褐色，末端灰黄色。

分布：浙江、黑龙江、吉林、辽宁、山东、江苏、江西、台湾、湖北、贵州、云南；日本、朝鲜、苏联（西伯利亚东南）。

图4-200　黄刺蛾

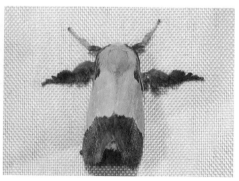

图4-201　中国绿刺蛾

（八）螟蛾科 Pyralididae

小至中型；触角细长，丝状、锯齿状或栉齿状；下唇须发达，形态多变；足细长，中、后足胫节有距2对；腹部第1节腹面有鼓膜器；前翅一般有翅脉12条，无径副室，后翅一般有10条翅脉，其中臀脉分3支，亚前缘脉与第1个径脉愈合，在中室前缘平行，在中室后与径脉干靠近或连接，臀区发达。

1. 饰光水螟 *Luma ornatalis* Leech（图4-202）

特征：翅展16.0～21.0 mm。体白色。头顶鳞毛竖立。下唇须向上弯曲超过头顶，第3节细长尖锐。下颚须细长丝状；雄虫触角扁平宽厚。前翅宽阔，顶角宽圆，前缘基部、中室端脉及中室下方各具1块黑斑；内横线、外横线、亚外缘线及外缘线黑色，与外缘几乎平行。后翅中室端及中室下方各有1块黑斑，外横线、亚外缘线及外缘线黑色与外缘平行。

分布：浙江、甘肃、湖南、江苏、江西、福建、广东；印度。

2. 黄黑纹野螟 *Tyspanodes hypsalis* Warren（图4-203）

特征：翅展31.0～34.0 mm。头部黄色。触角细长，银灰色有闪光，柄节为淡黄色。胸部领片及翅基片橙黄。前翅黄色，翅基片外侧左、右各有1个烟棕色斑点；中室有2个黑点，各翅脉间有黑色纵条纹，沿翅后缘的1条中断分为2条。后翅暗灰色，中央有浅银灰色斑。前、后翅缘毛银灰色有闪光。腹部橙黄色，中央鳞片烟棕色。

分布：浙江、江苏、湖北、江西、福建、台湾、广西、四川、甘肃、陕西。

图4-202　饰光水螟

图4-203　黄黑纹野螟

3. 黄杨绢野螟 *Diaphania perspectalis* Walker（图4-204）

特征：翅展33.0～48.0 mm；头部暗褐色；头顶触角间的鳞毛白色；触角褐色；下唇须第1节白色，第2节下部白色，上部暗褐色，第3节暗褐色；胸部白色，有棕色鳞片。翅白色半透明，有紫色闪光；前翅前缘褐色，中室内具2个白点（一个细小，另一个弯曲成新月形）；外缘与后缘均具褐色带；缘毛灰褐色。后翅外缘具褐黑色宽带。腹部白色，后3节褐色。

　　分布：浙江、青海、甘肃、陕西、河北、山东、江苏、上海、江西、福建、湖北、湖南、广东、广西、贵州、重庆、四川、西藏。

　　4. 豆荚野螟 *Maruca testulalis* Geyer（图4-205）

　　特征：翅展24.0～26.0 mm。额黑褐色，两侧有白线条。下唇须基部及第2节下侧白色，其他黑褐色，第3节细长。触角细长，基部白色。胸腹部背面茶褐色。翅暗褐色。前翅中室内有1块方形透明斑，中室外由翅前缘至Cu_2脉间有1块方形透明斑。中室下侧有1块小透明斑。后翅白色，外缘暗褐色，中室内有1个黑点和1条黑色环纹及波纹状细线。双翅外缘线黑色，缘毛黑褐色有闪光，翅顶角下及后角处缘毛白色。

　　分布：河北、北京、天津（蓟州区）、山西、内蒙古、江苏、浙江、福建、山东、河南、湖北、湖南、广东、广西、海南、四川、贵州、云南、陕西、台湾；朝鲜、日本、印度、斯里兰卡、尼日利亚、坦桑尼亚、澳大利亚、夏威夷。

图4-204　黄杨绢野螟

图4-205　豆荚野螟

　　5. 丽斑水螟 *Eoophyla peribocalis* Walker（图4-206）

　　特征：翅展22.5～29.5 mm。头淡黄褐色，额略圆；头顶粗糙，雄性更甚。下唇须黄褐色，上举；被毛；第3节麦穗状。下颚须明显，黄褐色，端部不膨大。喙褐色。触角黄褐色，雄性略粗，柄节背部有一突起，其上密生鳞毛，黄色；雌性柄节无明显突起。胸部黄白色。前翅前缘略弯，2/3处略外凸，顶角圆；前翅基部到中后部各线条不清晰；雄性中室具覆瓦状排列的特殊柱形大鳞片，后缘具褐色长毛；外线外白区明显，楔形，两侧黄褐斑在后部不相接；亚缘白区宽，亚缘线和外缘线与外缘平行；缘毛灰褐色。后翅内横区明显，外横区前部宽，后部细；外缘线具4块黑斑。其中央具小片银白斑；缘毛黄褐色。足黄白色，前足胫节外侧及各跗节端部黑色。腹部黄白色。

分布：浙江（天目山）、河南、四川、云南；越南、印度、斯里兰卡、也门。

6. 白斑翅野螟 *Bocchoris inspersalis* Zeller（图4-207）

特征：翅展20.0～25.0 mm。头黑色，两侧有白条，触角黑色，基部白色。翅面黑色，前、后翅密布大小不一的白斑。腹部背面黑色，具3～4块白色的横斑。

分布：浙江、安徽、江苏、台湾、湖南。

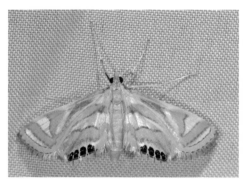

图4-206　丽斑水螟　　　　　　　　图4-207　白斑翅野螟

7. 斑点须野螟 *Analthes maculalis* Leech（图4-208）

特征：翅展34.0 mm。前翅黑色带珠光，具6块浅黄色斑，其中接近翅基的2块长椭圆形色斑，相互重叠由中脉隔开，下侧斑点与另一块小三角形斑接近；翅前缘外侧有1块不规则的大斑，并有2块小斑在翅前缘下侧上、下排列。后翅浅黄，有黑色中线、亚缘线与缘线横贯翅面，从亚缘线内缘伸向中线，缘线与亚缘线边缘在臀角及中部相遇。

分布：浙江（天目山）、黑龙江、湖北、福建、甘肃、台湾、广东、四川。

8. 火红奇异野螟 *Aethaloessa calidalis* Guenée（图4-209）

特征：体小型。体黄色至红色；胸前缘黑色或暗紫色。前翅黄色至红色，翅面有3块椭圆形横向的大斑，第3列斑独立；缘毛灰黑色。后翅黄色至红色，外缘区呈黑色宽带。腹背橙红色，近翅端腹部第一节和末端数节黑色或暗紫色。

分布：浙江、广东、湖南、福建、广西、云南、台湾；印度、斯里兰卡、缅甸、印度尼西亚、东非。

图4-208　斑点须野螟

图4-209　火红奇异野螟

9. 金双点螟 *Orybina flaviplaga* Walker（图4-210）

特征：翅展30.0～42.0 mm。头顶被黄褐色鳞片。触角暗红色；下唇须暗红色，下唇须基部下侧白色，向前平伸为头长的3倍，其内侧有沟槽。胸、腹部背面赭黄色，腹面白色。足胫节暗红色，跗节淡黄色。前翅后缘及臀角附近橙黄色，其他为红褐色，内横线黑褐色向外倾斜，外横线深红色向内倾斜，中室外至翅前缘处有1条金黄色三角形斑纹，其外侧有1个齿状突出，缘毛赭红色。后翅粉红色，外横线深红色至Cu_2处消失，缘毛棕红色。

分布：浙江（天目山）、河北、河南、江苏、江西、湖北、湖南、台湾、广东、广西、四川、贵州、云南；缅甸、印度。

10. 白桦角须野螟 *Agrotera nemoralis* Scopoli（图4-211）

特征：翅展16.0～22.0 mm。头茶褐色，顶部赭色。触角黑褐色。下唇须向上弯曲，基部白色，其他茶褐色，末节三角形。胸腹部背面橘黄色，两侧白色，腹端黑褐色。胸腹部腹面及足白色，前足胫节净角器毛刷黑灰色。前翅基域黄色，有橙黄网纹，内横线黑褐色，内横线至翅外缘褐色，中室端脉斑呈黑褐色条状，外侧橘黄色，外横线黑褐色波状弯曲，缘毛淡褐色，顶角下及臀角缘毛白色。后翅淡褐色，外横线褐色波纹状，中室端脉斑黑褐色细弱，缘毛淡黄褐色。

分布：浙江（天目山）、黑龙江、河北、山东、广西、四川，以及华东、华中地区。

图4-210　金双点螟

图4-211　白桦角须野螟

11. 豹纹卷野螟 *Pycnarmon pantherata* Butler（图4-212）

特征：翅展21.0～26.0 mm。头和触角淡褐色，下唇须白色，第2节粗长，基部有黑褐色斑，末节短小。体背面黄褐色，腹面苍白色。翅黄褐色，前翅基线、内、外横线宽，暗褐色，中室中央有1块镶褐色边的淡黄色方形斑，中室前有1块淡黄色扇形大斑，外横线与外缘之间呈淡黄色，外缘呈橙黄色；后翅内、外横线模糊，前、后翅缘毛基部暗褐色，端部淡褐色。足淡黄色，内侧苍白色。

分布：浙江、陕西、甘肃。

12. 黄尾巢螟 *Hypsopygia postflava* Hampson（图4-213）

特征：翅展18.0～20.0 mm，雄蛾略小于雌蛾。头、触角、下颚须深红色。下唇须黑褐色向上弯曲超过头顶。雄性触角呈长纤毛状，翅紫红色，外缘色泽加深。前翅中部前缘有黑、白相间刻点，内横线及外横线淡黄色呈半圆形弯曲，中室端有1块黑斑；缘毛金黄色。后翅内横线及外横线淡黄色波状向内倾斜，在后缘靠近；缘毛金黄色。胸、腹部背面紫红色，腹部末端4节金黄色。

分布：浙江（天目山、龙王山）、河南、台湾、广东、广西、贵州；日本、泰国、印度、不丹、斯里兰卡。

图4-212　豹纹卷野螟

图4-213　黄尾巢螟

13. 大黄缀叶野螟*Botyodes principalis* Leech（图4-214）

特征：42.0～45.0 mm。体黄色。下唇须黄色，下侧白色；雄性触角基节有深凹陷，其周围有齿状毛簇。前翅硫黄色，中室中央具1小黑点；中室端脉上具1条肾形黑色斑纹，内中淡黄色；翅顶角以下具翅外缘铁锈色宽带，缘毛灰

图4-214　大黄缀叶野螟

褐色。后翅硫黄色，中室有1条新月形黑色斑纹，外横线黑褐色宽阔锯齿状，顶角有1条铁锈色斑纹；缘毛灰褐色。雄性腹端尾毛黑色。中足腿节内侧有沟槽及毛簇。

分布：浙江、安徽、湖北、江西、福建、台湾、广东、四川、云南。

14. 黄纹银草螟*Pseudargyria interruptella* Walker（图4-215）

特征：翅展16.0～19.0 mm。体白色。额和头顶白色；下唇须黄褐

色，上端及内侧白色；下颚须基部黄褐色，端部白色。胸部背面灰白色，两侧有黄褐色纵条纹。前翅白色，前缘有黑褐色缘毛，内横线从前缘1/2处向内侧倾斜；中室内及中室下各有1褐色斑纹；外横线由前缘3/4处向外倾斜。后翅白色，缘毛白色。前翅腹面暗褐色，顶角及外缘白色。腹部背面灰白色。足白色。

分布：浙江、甘肃、天津、河北、陕西、河南、山东、江苏、安徽、江西、湖北、河南、福建、台湾、广东、广西、四川、贵州、云南；朝鲜、日本。

15. 稻纵卷叶野螟 *Cnapha-locrocis medinalis* Guenée（图4-216）

特征：翅展18.0～20.0 mm。头部及肩片暗褐色。下唇须下侧白色。腹部白色有褐色环纹。翅黄色；前翅前缘暗褐色，外缘具较宽的暗褐色带；内横线褐色弯曲，外横线伸直倾斜，中室有1条暗色纹，后翅有2条褐色横线，中室有1条暗斑纹，外缘有暗灰色带。雄性腹部末端有黑色及白色鳞毛。

分布：全国分布；朝鲜、日本、泰国、缅甸、印度、巴基斯坦、斯里兰卡。

图4-215　黄纹银草螟

图4-216　稻纵卷叶野螟

16. 竹黄腹大草螟 *Eschata miranda* Bleszynski（图4-217）

特征：翅展32.0～60.0 mm。体纯白色。额有尖突，无单眼，无毛隆；雄蛾触角锯齿状；下唇须白色，两侧黄褐色，长度为复眼直径的1.5倍；下颚须白色。胸部领片和翅基片及腹部白色。前翅白色，有闪光，后中线及亚外缘线橘黄色；顶角和臀角处为金黄色；顶角具1黑点，臀角具3个黑点；缘毛银白色。后翅白色。

图4-217　竹黄腹大草螟

分布：浙江、江苏、安徽、江西、福建、台湾、广东、广西、四川、云南；菲律宾、印度。

17. 华南波水螟 *Paracymoriza laminalis* Hampson（图4-218）

特征：翅展19.5～25.5 mm。头黄褐色。下唇须长，腹面土黄色，背面褐色，微上举；第3节细小。下颚须黄褐色，杂有黑褐色斑。前翅狭长，前缘具1条黄褐色横带，中部有1块黑斑；翅基部白色，亚缘线明显，黄褐色；内横区白色；中室端脉月斑粗壮，褐色；中室白区不明显，中室下白区和中线外白区大。翅后缘内横区与外缘区间具楔状褐色斑，其底具白色新月斑。后翅基部白色，内横区褐色，前窄后宽；内横线直，褐色，向前倾斜；外横线平行于翅外缘；亚缘白区前部有黄褐斑，把其分为两部分。

分布：浙江（天目山）、江西。

图4-218　华南波水螟

18. 葡萄切叶野螟 *Herpetogramma luctuosalis* Guenée（图4-219）

图4-219　葡萄切叶野螟

特征：翅展22.0～31.0 mm。额褐色，两侧有白色条纹；下唇须上部黑色下部白色。触角黄褐色，背面黑色，纤毛状，雄性触角基部弯曲，内侧有凹痕，基节内侧有1个锥状尖突及1个束状长鳞突。胸、腹部背面棕褐色，腹面白色。前翅黑褐色；内横线淡黄色向外倾斜；中室中央具1个淡黄色斑点，中室端脉内侧具1条淡黄色方形斑纹；外横线淡黄色弯曲，其前缘及后缘各有1条淡黄色斑纹。后翅色泽同前翅，中室有1个小黄点，外横线弯曲、宽阔，黄色。前、后翅缘毛色泽同翅，后角缘毛白色。前足胫节有褐色环斑。

分布：浙江（天目山）、黑龙江、吉林、甘肃、天津、河北、河南、江苏、安徽、湖北、福建、台湾、广东、四川、贵州、云南；朝鲜、日本、越南、印度尼西亚、印度、尼泊尔、不丹、斯里兰卡、俄罗斯、欧洲南部、非洲东部。

19. 四斑绢丝野螟 *Glyphodes quadrimaculalis* Leech（图4-220）

特征：翅展33.0～37.0 mm。头顶黑褐色，两侧近复眼处有细白条；触角丝状，黑褐色；下唇须向上伸，下侧白色，其余部分黑褐色。胸部黑色，两侧白色；前翅黑色，具4块白斑，最外侧一个延伸成4个小白点。后翅底色白带珠光，沿外缘具1个黑色宽缘。腹部黑色，两侧白色。

分布：浙江（天目山）、黑龙江、吉林、辽宁、宁夏、甘肃、青海、天津、河北、山西、陕西、河南、山东、江西、湖

图4-220　四斑绢丝野螟

北、湖南、福建、台湾、广东、海南、四川、重庆、贵州、云南、西藏；朝鲜、日本、俄罗斯。

20. 伊锥歧角螟 *Cotachena histricalis*（图4-221）

特征：翅展22.0～26.0 mm。下唇须黑色，下侧白色。胸部黄色；前翅黄色，散布有淡红及暗褐色鳞片，横线黑褐色；中室内、中室端外侧及后缘中部各有1条白色透明斑纹，斑纹周围有黑色镶边。后翅橘黄色，中室端脉斑黑褐色条状，外缘线黑褐色弯曲。腹部黄色。

图4-221　伊锥歧角螟

分布：浙江、江苏、湖北、江西、福建、台湾、广东、四川、西藏。

（九）鹿蛾科 Ctenuchidae

体小型，外形似斑蛾或蜂类。喙发达。翅面常缺鳞片，形成透明窗；前翅狭长，后翅显著小于前翅。腹部常具斑点或斑带。

1. 广鹿蛾 *Amata emma* Butler（图4-222）

特征：翅展24.0～36.0 mm。触角线状，黑色，顶端白色。头、胸部黑褐色，颈板黄色。翅黑褐色，前翅M_1斑近方形或稍长，M_2斑为梯形，M_3斑圆形或菱形，M_4、M_5、M_6斑狭长形。后翅后缘基部黄色，前缘区下方1块较大的透明斑，在Cu_2脉处呈齿状凹陷；翅顶的黑边较宽。腹部黑褐色，背侧面各节具黄带，腹面黑褐色。

分布：河北、陕西、山东、江苏、浙江、福建、江西、湖北、湖南、广东、广西、四川、贵州、云南、台湾；印度、缅甸、日本。

图4-222　广鹿蛾

2. 蕾鹿蛾 *Amata germana* Felder（图4-223）

特征：翅展28.0～40.0 mm。体黑褐色。头黑色，额橙黄色；触角，黑色，丝状，顶端白色。颈板、翅基片黑褐色；中、后胸各有1块橙黄色斑。翅黑色，前翅基部通常具黄色鳞片，M_1斑方形，M_2斑近乎截楔形，M_3斑亚菱形，M_4斑长形，其上有时附有1个小斑点，M_5斑长于M_6斑。后翅后缘基部黄色，中室、中室下方及Cu_2脉处为透明斑。胸足第一跗节灰白色，其余部分黑色。腹部各节具有黄色或橙黄色带。

分布：浙江、福建、江西、湖南、四川、重庆、贵州、云南、陕西、甘肃；日本、印度尼西亚。

图4-223　蕾鹿蛾

（十）毒蛾科Lymantriidae

体大多中型，肥胖，翅面宽大。颜色以灰、褐、黄、白者居多。触角双栉状；复眼发达，无单眼；喙退化。翅较宽阔，后翅Sc+R，在中室前缘1/3处与中室接触或接近，然后又分开，形成封闭或半封闭的基室。腹部被长鳞毛，雌蛾腹末常有大毛丛。各足密被细毛，休息时前足伸在身体前方。幼虫体被长短不一的毒毛，在瘤上形成毛束或毛刷。

1. 杧果毒蛾 *Lgmantria marginata* Walker（图4-224）

特征：雌雄体色大小差异很大。

雌蛾翅展52.0～60.0 mm。头、胸白色，腹部黄色，肩板前缘红色，胸背基部红色，中部有"品"字三黑点。前、后翅白色，有黑斑，前翅黑斑较复杂；内线与外线均为宽大锯齿形，并在中室后相遇，达后缘；亚缘线波浪形，几处与缘线相遇，翅外缘具1条棕黑色带，其上有白斑。后

图4-224　杧果毒蛾

翅外缘有棕黑色宽带，上有白色小点。腹背中央与两侧每节均有1个黑点，形成3个纵列。

雄蛾翅展40.0 ～ 43.0 mm。体、翅黑色重。头部黄白色，胸部黑色有小型黄白色斑。前翅黑棕色，有黄白色斑纹；内线、中线波浪形，不清晰；外线和亚缘线锯齿形，从前缘到中室有1块黄白色斑，斑内又具1个黑点。后翅棕黑色，翅外缘有1列白点。腹部灰黄色，背面和侧面有黑斑，肛毛簇黑色。

分布：浙江、福建、广东、广西、四川、云南、陕西；印度。

2. 茶点足毒蛾 *Redoa phaeocraspeda* Collenette（图4-225）

图4-225　茶点足毒蛾

特征：翅展28.0 ～ 37.0 mm。体白色。头部茶色带赤褐色，下半色浅；触角白色，栉齿浅褐色；下唇须茶色，内侧白色。前翅白色，有光泽；横脉纹中央具1个褐黑色小点，清晰；前翅前缘和翅顶角茶色；缘毛褐色。后翅污白色，臀角白色；缘毛褐色。足白色，前足和中足胫节内

侧基部具1块暗棕褐色斑，跗节基部有1块暗棕褐色斑，跗节后半浅茶色。雌蛾与雄蛾相似，但触角基部、下唇须、头部、足和缘毛白色。

分布：浙江（杭州、天目山、莫干山）、福建（武夷山）、江西（九连山）、湖南（衡山）、广东（连平）。

3. 白斜带毒蛾 *Numenes albofascia* Leech（图4-226）

图4-226　白斜带毒蛾

特征：翅展：雄47.0～55.0 mm，雌65.0～73.0 mm。头部和胸部黑色夹杂棕黄色；胸部腹面黄色至橙黄色；前翅天鹅绒样黑色，从前缘近基部2/3起通向臀角具1黄白色或白色斜宽带。后翅黑色。前翅反面棕黑色，与正面宽带相应位置具1黄色宽带，其带沿翅前缘扩伸呈"T"形，其前缘为橙黄色。后翅反面棕黑色。前足深黄色，外侧被黑色鳞毛，中足和后足黄色，外侧被黑色鳞毛。腹部黑色，腹面黄色至橙黄色。

雌蛾腹部橙黄色；前翅天鹅绒样黑色，亚基线为黄白色带，其带前半部较宽，后半部较窄，内带、外带分别在$M_2 \sim Cu_2$脉与亚端带汇合成一条带后，斜至臀角，外观呈三叉形黄白色带，内带和外带较直，亚端带从顶角至臀角弯成弓形。后翅橙黄色，亚端区具3个天鹅绒样黑斑，其中一斑较大。前翅反面橙黄色，有2个天鹅绒样黑色斑，后翅反面橙黄色具1黑色斑。

分布：浙江（天目山）、福建（武夷山）、湖北（神农架）、湖南（衡山）、云南（彝良）、陕西（宝鸡）、甘肃（武都）；日本。

4. 乌桕黄毒蛾 *Arna bipunctapex* Hampson（图4-227）

特征：翅展23.0～42.0 mm。体黄棕色。触角干浅黄色，栉齿浅棕色；下唇须棕黄色；前翅底

图4-227　乌桕黄毒蛾

色黄色，除顶角、臀角外，密布红棕色鳞和黑褐色鳞，形成1块红棕色大斑，斑外缘中部外突，成1个尖角；顶角具2个黑棕色圆点。后翅黄色，基半红棕色。足浅棕黄色。

分布：上海、江苏、浙江（温州）、福建（黄坑）、江西、河南、湖北、湖南、广东（汕头、连平）、广西、四川、云南、西藏、陕西（太白山）、台湾；新加坡、印度。

5. 白毒蛾 *Arctornis Inigrum* Muller（图4-228）

特征：翅展雄30.0～40.0 mm，雌40.0～50.0 mm。体白色。触角干白色，栉齿黄色；下唇须白色，外侧上半部黑色。前翅白色；横脉纹黑色，角形；后翅白色。足白色，前足和中足胫节内侧有黑斑，跗节第1节和末节黑色。

分布：浙江、河北、辽宁、吉林、黑龙江、江苏、安徽、福建、山东、河南、湖北、湖南、四川、云南、陕西；朝鲜、日本、俄罗斯、欧洲。

6. 肾毒蛾 *Cifuna locuples* Walker（图4-229）

特征：雄虫翅展34.0～50.0 mm。头、胸部均深黄褐色。雌蛾较雄蛾色暗。后胸和第2、3个腹节背面各有1束黑色短毛。雄蛾触角羽毛状，雌蛾短栉齿状。前翅内区前半褐色，混杂白色，后半褐黄色。后翅淡黄带褐色，横脉纹及缘线色暗。前、后翅反面黄褐色，横脉纹、外横线、亚缘线、缘毛黄褐色。腹部黄褐色，较肥大。

分布：河北、山西、内蒙古、辽宁、吉林、黑龙江、江苏、浙江、安徽、福建、江西、山东、河南、湖北、湖南、广东、广西、四川、贵州、云南、西藏、陕西、甘肃、青海、宁夏；朝鲜、日本、越南、印度、俄罗斯。

图4-228　白毒蛾

图4-229　肾毒蛾

（十一）钩蛾科 Drepanidae

体小至中型，翅宽大，腹部细，喙和唇须不发达。前翅顶角大而显著突出，外缘中部向内显著弧形凹入，从而形成钩形，M_1脉多靠近M_3脉，$R_2 \sim R_5$脉同柄。后翅 Rs 脉同 Sc+R_1脉在离中室后有一段接近或完全愈合，2A脉发达，3A脉退化；有翅缰；两翅中室均为角室。

1. 中华大窗钩蛾 *Macrauzata maxima chinensis* Inoue（图4-230）

特征：翅展40.0～43.0 mm。体淡黄色。头褐色，下唇须短小；触角灰白色，双栉形；翅淡黄色；前、后翅中央有窗形半透明斑，斑内中室上方有1个小黑点。前翅窗斑外缘赭褐色，斑内脉纹黄褐。后翅中室上方M_1与M_2脉间有褐色弧形纹，亚外缘线白色，自顶角内侧呈弧形在2A脉处弯曲到后角。前、后翅反面近白色，斑纹与正面相同，只是黄褐色不见。胸足白色，跗节末端黑色。腹部第8节腹板两侧有突起的毛丛。

分布：浙江（杭州）、福建（武夷山）、四川（青城山、峨眉山）、湖北（神农架）、陕西（汉中、洋县）。

2. 小豆斑钩蛾 *Auzata minuta spiculata* Watson（图4-231）

特征：翅展21.0～27.0 mm。体白色。翅白色，前翅近外缘处有褐色斑，后翅有大面积透明斑，翅面灰白色，前、后翅都有透明空窗，前翅中央具1块焦褐色的长斑，其外侧近顶角具2枚透明空窗；后翅外线为断续的双横带，其下缘有1排纵向的透明空窗。

分布：浙江（天目山）。

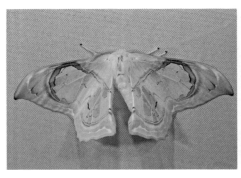

图4-230　中华大窗钩蛾

图4-231　小豆斑钩蛾

3. 洋麻圆钩蛾 *Cyclidia substigmaria* Hübner（图 4-232）

特征：翅展 54.0～76.0 mm。头黑色。胸部白色；翅白色，有浅灰色斑纹，从前翅顶角到后缘中部成一斜线；斜线外侧色浅，内侧色深，斜线外侧有时有 2 层波浪纹；顶角内侧与前缘处有深色三角形斑，斑内有白色纹；中室处具 1 块灰白色肾形斑；后翅中室端各具 1 块黑褐色圆斑。腹部褐白色，各节间色略浅。

分布：浙江、湖北、四川、云南、广东、广州、台湾。

4. 哑铃带钩蛾 *Macrocilix mysticata* Malker（图 4-233）

特征：展翅 32.0～40.0 mm。头灰白，下唇须灰黑，触角灰白；胸部肩板白色，内侧有黄褐色毛，胸部腹面及胸足枯褐色；翅白色绢状，前翅上的哑铃形横带不达前缘，前缘污白色，哑铃前棒明显大于后棒，铃柄有黑纹；外缘处深色细横带，带的两端色变浅。后翅近臀角区域颜色渐深且向外突出，臀角至外缘有黄色及灰黑色斑点聚集。腹部背面黄褐，腹面白色。

分布：浙江（天目山）。

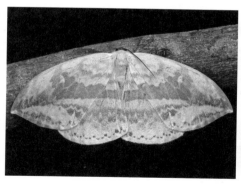

图 4-232　洋麻圆钩蛾

图 4-233　哑铃带钩蛾

5. 倍线钩蛾 *Nordstromia duplicate* Warren（图 4-234）

特征：翅展 30.0～35.0 mm。头棕色，额灰褐，雄虫触角为双栉形。胸部背面棕褐，腹面粉白。前翅灰褐，内线不明显，直线直，赭褐色，两侧色稍浅呈黄褐色；外线赭色，自顶角内方斜向后角内侧达后缘，外线与外缘间色稍浅，粉白色；顶角向外伸长，端部钝，下方内陷；后翅污黄至黄褐，内线及中线明显，黄褐色，具有黄边，但均不达前缘，外线由几个黑点组成，缘毛枯黄色。

分布：浙江、云南；印度。

图4-234　倍线钩蛾

6. 宏山钩蛾 *Oreta hoenei* Waston（图4-235）

特征：翅展30.0～40.0 mm。头赭红色；喙退化；下唇须很短，赭红色，只达颜面下方，第1节短，只有第2节的1/2长，第3节更短，只有

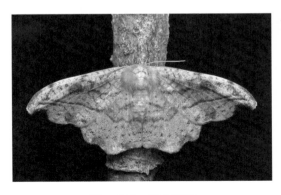

图4-235　宏山钩蛾

第2节的1/4长；颜面下方光滑；复眼灰黄有色斑；颈部有红色长毛，肩板灰黄色；触角赭褐色，单栉形，栉片长于触角主干，各节间不分离，只显灰黑色缝隙。胸部背面黄褐色，腹面红色；前翅赭褐色；前缘有2块黑斑；顶角弯曲，自顶角至后缘2/3处有一斜线，

隐约可见，只顶角附近黑色明显；臀角内侧具1块棕色圆斑；中室端具1个极不明显的灰色小点；后翅赭褐色，各线不见，外半部有顺翅脉列行的棕色小点；前翅及后翅反面赤褐色，有许多小黑点；前翅脉有副室，R_2与R_3+R_4共柄，出自中室端部，R_1与R_4在副室外共柄；后翅$Sc+R_1$在中室外有一段靠近，但不连接，M_2与M_3共柄。腹部背面棕褐色间杂红色，腹面红色；

分布：浙江（杭州）、福建（武夷山）、江西（九连山）、云南（小勐仑）、陕西、山西、四川。

7. 方点丽钩蛾 *Callidrepana forcipulata* Watson（图4-236）

特征：翅展23.0～32.0 mm。体灰褐色。头棕褐；下唇须长，赭褐色；触角灰褐，双栉形；翅灰褐色；前翅缘灰黄，内线灰色，较弯曲。点斑状，中室有1块由棕色散点组成的大斑，顶角尖，稍向外突，自顶角至后缘偏外方有双行黄色斜线，外线粗黄色，内线细黄色，亚缘线由1列小黑点组成。后翅色稍浅，前缘更为明显，各线纹直，由后缘向上只达M_1脉处，外缘色稍深。足黄褐，跗节灰褐色。

分布：浙江（天目山、莫干山）、广西（龙胜）、四川（康定）、福建（武夷山）、湖北、湖南（衡山）。

图4-236　方点丽钩蛾

8. 华夏山钩蛾 *Oreta pavaca sinensis* Watson（图 4-237）

特征：翅展 40.0 ～ 45.0 mm。头红色，下唇须短小，触角污黄色，单栉形，颈部有长黄毛，肩板灰色稍带褐色。胸背赭色，腹面赭红色。前翅赭褐色，顶角下弯，顶角至后缘中部有 1 条黄褐色斜带；内侧有深棕色宽带，横带外侧赭褐色，两侧均有棕色散条纹；中室端有 1 条微细 "V" 形白纹，后翅赭褐色，中带内外均有波浪纹，中室端脉灰白色。

分布：浙江（天目山）、福建（武夷山）、四川（峨眉山）、湖北（神农架）。

图 4-237　华夏山钩蛾

9. 三线钩蛾 *Pseudalbara parvula* Leech（图 4-238）

特征：翅展 18.0 ～ 22.0 mm。体背面灰褐色，腹面淡褐色。头紫褐色，下唇须中等长度呈褐色，触角黄褐色。前翅灰紫褐色，具 3 条深褐色斜纹，中部 1 条最为明显。中室端有 2 个灰白色小点，上面 1 个略大；顶角尖，向外突出，内方有 1 条灰白色眼形纹。后翅色浅呈灰白色，中室端有 2 个不太明显的小点。前翅有小室。

分布：浙江（天目山）、北京（三堡）、河北（小五台）、四川（峨眉山、青城山、灌县）、湖北（宜昌、神农架）、湖南（衡山）、福建（三港）、广西、陕西、江西（大余、九连山、庐山）、黑龙江（伊春）；日本、朝鲜、苏联。

图4-238　三线钩蛾

10. 接骨山木钩蛾 *Oreta loochooana* Swinhoe（图4-239）

特征：翅展29.0～34.0 mm。头暗红色，身体背面棕黄色，两侧橙黄色，腹面及足橘红色；前翅赤褐色间有黄斑，微闪金色光泽；顶角弯曲度小，内线黄色呈"S"形；外线黄色，自顶角斜向后缘中部；外线至外缘间有赤褐色斑纹；顶角处有棕色斑，外缘较凸，中室上有白点；后翅基部黄色，内线黄色，外侧有赤褐色宽横带，横带至外缘间有灰褐色点组成的横线，顶角有一块赤褐色斑。前、后翅反面与正面的颜色及斑纹近似，只是色稍浅。3对胸足，上侧红色，下侧黄色，跗节上有红黄相间的环，中足及后足上的平滑纵线黑色，两侧毛黄色，1对后足胫节距，较短，基部有黄毛，顶端光滑较尖，黑色。

分布：浙江（天目山）、福建（三港）、四川（峨眉山）、江西、山东、台湾。

图4-239 接骨山木钩蛾

（十二）网蛾科Thyrididae

小至中型蛾类。色彩鲜明，带有银光或金色光泽。前翅外线分叉，翅外缘往往有缺刻，翅上有网状纹，少数有透明斑（窗斑），因而曾名窗蛾。有听器，位于腹部背面，喙发达，下颚须退化。

红斜线网蛾 *Striglin roseus* Gaede（图4-240）

特征：翅展30.0～38.0 mm。体枯黄色偏微红，腹面艳红色。头及下唇须枯黄色；触角黄色丝状，脊背有白色纵线。前、后翅大部为土红色，布满棕红色网纹有两条波形赭黄色斜线自前翅近端部斜向后缘中部，与后翅斜线连接；前、后翅反面色更深，前翅中室有肾形纹。胸足胫节污黄，有红色鳞毛，跗节棕黑色，外侧有白色纵线；前足有胫刺，2对后足胫节距。

图4-240 红斜线网蛾

分布：浙江（天目山）、

湖北（兴山）、湖南、贵州、四川。

（十三）舟蛾科 Notodontidae

前翅 M_1 从中室端部中央伸出，肘脉似3叉式，后缘亚基部经常有鳞簇，后翅 Sc+R1 与 Rs 靠近但不接触，或由一短横脉相连；喙通常发达，无单眼；鼓膜向下伸，反鼓膜巾位于第1个腹节气门后。幼虫圆筒形，或有各种瘤突，臀足经常退化或特化成细突起或刺状构造。惊动时，抬起身体，前、后端凝固不动，以身体中央的4对腹足支撑身体，故称为"舟形毛虫"。

1. 栎掌舟蛾 *Phalera assimilis* Bremer *et* Grey（图4-241）

特征：翅展44.0～60.0 mm。前翅银白色，光泽较不显著，具肾形顶角斑；外横线沿顶角斑内缘1段为棕色；亚缘线脉间黑点不清晰，中室内有1条较清晰的小环纹，在后缘的内横线内侧和外横线外侧各有1块暗褐色影状斑。

分布：浙江、北京、河北、山西、辽宁、江苏、福建、江西、河南、湖北、湖南、广西、海南、四川、云南、陕西、甘肃、台湾；朝鲜、日本、俄罗斯。

图4-241　栎掌舟蛾

2. 黑蕊舟蛾 *Dudusa sphingiformis* Moore（图4-242）

特征：翅展70.0～80.0 mm。头和触角黑褐色。前胸中央有2个黑点，前胸背板1圈簇毛围成似三角形。前翅苍褐色，从后缘近基部到翅尖的整个后缘区和外缘区由许多不规则的黑褐色纹组成1块大三角形斑，内横线、外横线较清楚，灰白褐色边，外横线显著，斜"S"形。腹部末端具长的黑色毛簇和臀毛簇，毛的末端膨大呈匙形。

分布：浙江（天目山）、北京（三堡、香山、八达岭）、河北、福建（武夷山、挂墩）、江西（庐山）、山东、河南、湖北（兴山、鹤峰、利川）、湖南（古丈高望界）、广西（苗儿山、金秀、那坡）、四川（西昌、峨眉山、青城山、武隆）、贵州（梵净山）、云南（西盟、丽江）、陕西（佛坪、宁陕、太白）、甘肃（康县）；朝鲜、日本、缅甸、原锡金、印度、越南。

图4-242　黑蕊舟蛾

3. 白二尾舟蛾 *Cerura tattakana* Matsumura（图4-243）

特征：翅展55.0～87.0 mm。下唇须上缘和额黑色，头、颈板和胸部白色带微黄色，胸部背面中央有两列6个黑点，翅基片具2个黑点。前翅白色，具黑色斑纹，基部3个黑点鼎立；亚基线锯齿形，由断续的点组成；黑色内带较宽，较不规则弯曲；中线从前缘到中室下角一段较粗，随后向上扭曲与横脉纹相连；M_3脉至后缘一段与外线平行；横脉纹月牙形；外线双股平行，波浪形；外缘上无黑线有1列脉间三角形黑点，其中$A \sim M_3$脉间的黑点向内延伸，有时断裂成两个。后翅白色，横脉纹模糊，从前缘中央到臀角具1条不清晰的暗带。胫节上有黑点，跗节大部分黑色。腹部背面中央1～6节有1条明显的白色纵带；第7节背板中央具环纹。

分布：浙江（莫干山、天目山）、江苏（龙潭）、湖北（鹤峰，兴山）、湖南（衡山）、陕西（佛坪）、四川（峨眉山、青城山）、云南（新平、维西）、台湾；日本、越南。

图4-243　白二尾舟蛾

4. 核桃美舟蛾 *Uropyia meticulodina* Oberthir（图4-244）

特征：翅展52.0～62.0 mm。前翅暗棕色，前、后缘各具1块黄褐色大斑，前者几乎占满中室以上的整个前缘区，大刀形，后者为半椭圆形，两个大斑内具4条衬明亮边的暗褐色横线，横脉纹暗褐色。后翅淡黄色，后缘稍暗。

图4-244　核桃美舟蛾

分布：浙江（天目山、杭州、泗安林场、莫干山）、北京（三堡、百花山、上房山）、吉林（长白山）、辽宁（清原）、山东（泰山、栖霞）、江苏（龙潭）、江西（庐山）、福建（武夷山）、湖北（兴山、巴东林场、秭归、鹤峰）、湖南（慈利、衡山）、陕西（韩城、太白山、佛坪、留坝）、甘肃（文县、康县）、四川（峨眉山、青城山、泸定、丰都）、云南（维西）、贵州（梵净山）、广西（龙胜、苗儿山）；日本、朝鲜、苏联远东地区。

5. 槐羽舟蛾 *Pterostoma sinicu* Moore（图4-245）

特征：翅展雄蛾56.0～64.0 mm，雌蛾68.0～80.0 mm。头部和胸部背面稻黄色带褐色。前翅稻黄色到灰黄褐色，后缘梳形毛簇暗褐色到黑褐色，翅脉黑色，脉间具褐色纹：基横线和内横线、外横线暗褐色，双道、

图4-245　槐羽舟蛾

锯齿形；基横线双齿形曲线，内横线前半段不清晰，外横线在前缘下几乎呈直角形曲线，以后弧形外曲伸达后缘缺刻外方；内横线与外横线间有1条模糊影状带；亚缘线由1列内衬灰白色的暗褐点组成。后翅暗褐色到黑褐色。腹背暗灰褐色。

分布：浙江（杭州、天目山）、北京（香山、三堡、百花山、昌平、平谷）、河北（承德、昌黎、迁西、易县）、山西（绵山）、辽宁、上海、江苏（南京）、安徽（滁州市）、福建（武夷山）、江西（庐山）、山东（泰山、齐河、临沂）、湖北（武昌、荆州、兴山）、湖南（桑植、大庸）、广西（桂林、龙胜、苗儿山）、四川（峨眉山、康定、汶川）、云南（中甸）、西藏（林芝）、陕西（太白山、咸阳、宁陕、留坝）、甘肃（文县、康县）；日本、朝鲜、俄罗斯。

（十四）枯叶蛾科 Lasiocampidae

成虫体粗壮，灰色或褐色，体、足、复眼多毛。后翅肩角极度膨大，并通常有两或多条肩脉从 Sc 和 R_1 基部之间的亚缘室伸出，无翅缰。喙退化，无单眼，触角双栉状。

1. 思茅松毛虫 *Dendrolimus kikuchii* Matsumura（图 4–246）

特征：翅展雄蛾 53.0～78.0 mm，雌蛾 68.0～121.0 mm。体棕褐色至深褐色，前翅基至外缘平行排列 4 条黑褐色波状纹，亚外缘线由 8 块近圆形的黄色斑组成，中室白斑明显，白斑至基角之间有 1 块肾形大而明显黄斑。雌蛾体色较雄蛾浅，黄褐色，近翅基处无黄斑，中室白斑明显，4 条波状纹也较明显。

分布：浙江、江西、福建、台湾、云南、广东、广西、安徽、湖北、湖南、贵州、四川。

2. 竹纹枯叶蛾 *Euthrix laeta* Walker（图 4–247）

特征：翅展雄蛾 41.0～53.0 mm，雌蛾 61.0～74.0 mm。体翅橘红色或红褐色。前翅中室末端具 1 块较大的白斑，其上方有白色小斑，有时两斑纹连在一起，白斑上被有少量赤褐色鳞片；由翅顶角至中室端下方具 1 条紫褐色斜线，由中室端下方至后缘斜线曲折，颜色较浅，斜线至外缘区呈粉褐色，布满紫褐色鳞片；亚外缘斑列呈长椭圆形斜列；中室下方至后缘靠基角区鲜黄色；前翅前缘1/3处开始弧形弓出，由外缘至后缘呈圆弧形。后翅前缘区赤褐色，后大半部黄褐色。

分布：浙江、湖南、甘肃。

图4-246　思茅松毛虫

图4-247　竹纹枯叶蛾

十四、膜翅目Hymenoptera

体小至大型，口器一般为咀嚼式，但在高等类群中下唇和下颚形成舌状构造，为嚼吸式；翅膜质、透明，两对翅质地相似，后翅前缘有翅钩列与前翅连锁，翅脉较特化；雌虫产卵器发达，锯状、刺状或针状，在高等类群中特化为螫针。

（一）蜜蜂科Apidae

体小至大型，体多毛，一些体毛（尤其是胸部的毛）分支或羽毛状；前胸背板不向后伸达肩板，前足基跗节具净角器；后足胫节及基跗节扁平，为携粉足；口器嚼吸式。

东方蜜蜂 *Apis cerana* Fabricins（图4-248）

特征：工蜂体长10.0～13.0 mm；头部呈三角形；唇基中央稍隆起，中央具三角形黄斑；上唇长方形，具黄斑；上颚顶端有1块黄斑；触角柄节黄色；小盾片黄色或棕色或黑色；体黑色；足及腹部第3～4节背板红黄色，第5～6节背板色暗，各节背板端缘均具黑色环带。

分布：全国分布。

图4-248　东方蜜蜂

（二）三节叶蜂科Argidae

触角长棒状，3节，鞭节愈合成1节。中后胸后上侧片强烈隆起，中胸腹板具侧沟。前翅臀室中部收缩柄很长。

三节叶蜂 *Arge* sp.（图4-249）

特征：体长7.0～10.0 mm，宽约3.0 mm，体蓝黑色，有光泽。触角3节黑色；复眼大，暗茶色。胸背具钝菱形瘤状凸起，上生浅倒箭头状纹，下方具1横波纹。翅浅褐色，上密生褐色短毛。足蓝黑色。

分布：内蒙古、青海、北京、河北、河南、山东、安徽、江苏。

图4-249　三节叶蜂

第五章

灯下昆虫专题研究

灯下昆虫实习除了认识昆虫种类、观察昆虫的形态特征和行为特点外，还应该对一些具体的昆虫学问题展开探索和研究，以达到学以致用的目的。这不仅有助于更深入地探究与昆虫学相关的自然现象，也能帮助学生们进一步培养科学思维，提高科学研究的综合素养。

第一节　研究课题的设计

课题研究是一项复杂的探索性工作。要确保课题研究的质量，需要提前做好设计和规划。研究课题的设计就是针对某个科学问题，制订一份科学的、完善的、可操作的研究方案的过程。

一、基本原则

在选题时要充分考虑灯下昆虫实习的大主题，结合实习内容进行深度挖掘，选取适合的主题进行研究。在确定研究课题时，兼顾科学性、创新性和可行性。同时，注意主观条件和客观条件的限制。

（一）科学性

研究课题首先要考虑选题科学性。所选课题是否符合基本的客观规律？是否有科学理论依据？是否符合昆虫学科的科学规律？是否具有一定理论和实践依据？课题成果应具有一定学术意义。

（二）创新性

研究选题须具备一定的创新性。创新可从研究内容、研究手段等方面入手，可结合当前研究现状提出新发现、新设想、新见解，也可通过研究建立新理论、新技术、新方法或开拓新的研究领域。

（三）可行性

研究选题和设计时要充分考虑研究的可行性。在保证科学性和创新性的基础上，结合实习情况，综合考虑开展课题所需要的各项条件能否得到满足，实施方案是否客观规律，预期的结果是否合理。

二、课题设计内容

（一）课题名称

课题名称是课题内容的高度概括。因此，在确定课题名称时，首先要考虑研究内容和研究成果，所拟的课题名称要能直接反映出课题的核心论点。同时要注意，好的课题名称不宜过长，最重要的是能够概括出课题内容和核心成果。

（二）选题依据

选题依据一般指研究课题的目的和意义。在研究课题的设计方案中简明扼要地阐明选题的目的、研究的出发点，以及研究的学术价值和现实意义。

（三）研究步骤和规划

为便于研究课题的顺利开展，需要提前制订好具体的实施步骤和时间规划，充分计划每个阶段的工作任务和时间安排，并且具体工作安排和时间规划要具有可操作性。

（四）研究条件要求

课题的顺利开展离不开一些必要条件的支持。例如：课题开展必需的仪器设备和试剂耗材，这些需要罗列清楚，做好预算；课题进行，尤其是野外研究项目，天气环境等外部条件的变化会对研究结果产生较大的影响，这些因素都要充分考虑。

（五）预期成果及其表现形式

课题完成后一般会取得一定的研究成果。制订课题方案时，应依据研究基础和条件对研究成果做出合理预测，并使之成为课题实施时的具体工作目标和方向。研究成果的形式可以多样，一般包括调研报告、论文和专著等。

（六）研究团队成员组成和分工

研究团队成员的通力合作是课题顺利开展的基础之一，团队成员须根据课题内容进行分工合作，既要分工明确，又要协同合作，以实现最佳的研究预期。

第二节　研究方案的实施

一份科学可行的研究方案为课题研究的顺利进行奠定了基础。要使研究方案落地，在方案具体实施的过程中，须做好过程管理。一方面要细化研究任务，落实到人；另一方面要做好研究记录，及时收集研究数据，同时做好总结和反思。

在方案实施的过程中，还会遇到一些意想不到的情况，尤其是像灯下昆虫这类涉及野外作业的课题研究，需要根据具体情况进行调整。

第三节　研究报告的写作格式和规范

研究报告是研究活动的总结。撰写研究报告应恪守诚信规范、真实严谨的原则，严禁伪造、抄袭、代写论文等有违科研诚信的行为。

研究报告的内容一般包括课题名称、摘要、关键词、选题背景和意义、国内外成果综述、研究目的、研究内容、研究材料方法、研究结果、讨论等。

一、课题名称

课题名称一般使用陈述语句来描述，能直接明了地概括出课题研究的内容。一个合格的课题名称通常简洁精练并具有新颖性和吸引力的。通过题目，能够让读者最快地了解研究报告所涉及的基本问题和主要内容，以及取得的研究成果。

研究报告一般包括研究对象、研究方法和研究成果三个部分。

二、作者和单位

撰写研究报告时应对参与研究的人员进行署名，署名一般根据贡献大小进行排序，作者单位一般按照作者的先后顺序进行排序。

三、摘要

摘要的内容通常包含研究目的、内容、成果和意义。其主要目的是让读者能快速地了解研究报告的背景、主要内容和成果，以确定其阅读价值。因此，摘要需要满足概括性强、篇幅短小精悍的要求。

四、文献综述

文献综述一般以大量文献资料的阅读和整理为基础，需要在归纳分析的基础上阐明课题的研究历史、现状、发展方向等，并提出尚存在的关键科学问题，以及点明本课题的研究目的和主要内容。撰写文献综述应当注意引用和评述代表性强、具有科学性和创造性的文献资料。

五、研究材料和方法

课题开展时用到的实验材料，包括试剂、耗材和仪器设备等，都应在报告中罗列清楚。研究涉及的具体实验步骤和实验方法也需要在报告中详细描述，包括研究技术的名称、具体参数、实施过程和手段等。

六、研究结果

研究结果是研究报告最重点的部分，课题的研究结果必须以翔实的研究数据和基于数据的合理分析作为支撑，才更有说服力。

七、讨论

讨论是对研究成果的进一步分析。讨论部分会对前言中提出的、本论中分析或论证的问题进行论述和概括，从而引申出结论，以及对课题研究发展趋势的展望。

八、参考文献

研究报告应本着实事求是和科学严谨的态度，凡有直接引用他人成果的地方，均应进行标注，并按一定的顺序列于参考文献中。

第四节　昆虫专题研究的选题参考

灯下昆虫的类群众多，与之相关的专题研究所涉及的范围也很广。本书提供两类专题研究以供参考。

一、物种多样性相关研究

昆虫是自然界中种类和数量最多的动物。昆虫多样性在生物多样性中占有极其重要的地位。昆虫多样性研究可以更好地了解昆虫在生态系统中的功能和作用，帮助更好地保护昆虫物种以及整个生态系统的稳定。

（一）物种多样性分析

物种多样性代表了群落组织水平及其功能特性，包括物种丰富度和均匀度两方面的内容。物种丰富度是指某一群落或生境中物种数目的多寡，是反映物种多样性最客观的指标。在统计种的数目时，需要了解所在分布面积的大小，以便比较。物种均匀度是指某一群落或生境中全部物种个体数目的分配状况，是反映各物种个体数目分配的均匀程度。例如：甲群落中有100个个体，其中85个属于种A，另外15个属于种B；乙群落中也有100个个体，但种A和种B各占一半，即甲群落的均匀度要比乙群落低。

（二）常用的物种多样性分析指数

物种多样性分析指数很多，限于实习时间，可选择其中一些来进行比较。

1. Shannon-Wiener 指数

$$H' = -\sum_{i=1}^{S} p_i \ln p_i$$

其中，S表示总的物种数，p_i表示第i个种占总数的比例。

当群落中只有一个族群存在时，Shannon-Wiener 指数达最小值0；当群落中有两个以上的族群存在，且每个族群的个体数量相等时，Shannon-Wiener 指数达到最大值 $\ln S$。

2. Simpson 指数

$$D = 1 - \sum \{ n_i (n_i - 1) / [N (N - 1)] \}$$

其中，N为总个体数量，n_i为第i个种的个体数量。

该指数假设对无限大的群落随机取样，样本中两个不同种个体相遇的概率可认为是一种多样性的测度。

3. Margalef 指数

$$D = (S - 1) / \ln N$$

其中，S为总物种数量，N为所有物种的个体数之和。

4. Pielou 指数

$$J' = H' / H_{\max}$$

其中，$H_{\max} = \ln S$，S为物种数。

二、昆虫行为学相关研究

昆虫行为是昆虫进行的从外部可察觉到的有适应意义的活动。昆虫行为包括昆虫取食行为、昆虫生殖行为、昆虫通信行为和昆虫防御行为等。昆虫行为学研究的内容主要包括昆虫行为类型、行为模式，以及昆虫行为产生的机制。通过昆虫行为学的研究，可以进一步了解和掌握昆虫行为。这些研究结果在害虫的综合治理，以及益虫的保护与利用中有着极其重要的意义。

灯下昆虫实习是观察昆虫行为的绝佳机会。通过观察，可以进一步认识和了解昆虫，从而加深对昆虫学知识的掌握和理解。

昆虫行为观察的原则如下：

（一）熟悉研究对象（昆虫个体的鉴定与识别）

确定物种的种类是开展行为研究的基础和前提。因此，在开展昆虫行为观察前，首先要明确所观察对象是何物种。

（二）在不干扰昆虫的情况下观察

为防止或尽可能减少对所观察的昆虫的干扰，观察时须保持隐蔽和安静，也可安置各种自动拍摄或录像设备来进行观察。

（三）坚持长期观察

昆虫行为类型多且存在变异，有些行为出现的频次不高，或受环境的影响较大。因此，想要获得准确的观察数据，需要坚持较长时期的观察。

参 考 文 献

［1］ SNODGRASS R E, 1935. Principals of Insect Morphology ［M］. New York : McGraw-Hill.

［2］ 彩万志，庞雄飞，花保祯，等，2011. 普通昆虫学 ［M］. 北京：中国农业大学出版社.

［3］ 彩万志，李虎，2015. 中国昆虫图鉴 ［M］. 太原：山西科学技术出版社.

［4］ 陈冬基，1992. 西天目山自然保护区森林垂直带的分析 ［J］. 浙江林学院学报，9（1）：14-23.

［5］ 陈世骧，1955. 昆虫纲的发展历史 ［J］. 昆虫学报，5（1）：1-43.

［6］ 陈树椿，1999. 中国珍稀昆虫图鉴 ［M］. 北京：中国林业出版社.

［7］ 陈学新，1997. 昆虫生物地理学 ［M］. 北京：中国林业出版社.

［8］ 陈一心，1999. 中国动物志 昆虫纲 第十六卷 鳞翅目 夜蛾科 ［M］. 北京：科学出版社.

［9］ 戴仁怀，李子忠，金道超，2012. 宽阔水景观昆虫 ［M］. 贵阳：贵州科技出版社.

［10］ 丁炳扬，李根有，傅承新，等，2010. 天目山植物志 ［M］. 杭州：浙江大学出版社.

［11］ 方承莱，2000. 中国动物志 昆虫纲 第十九卷 鳞翅目 灯蛾科 ［M］. 北京：科学出版社.

［12］ 方炎明，章忠正，王文军，1996. 浙江龙王山和九龙山鹅掌楸群落研究 ［J］. 浙江林学院学报，13（3）：286-292.

［13］ 高月波，孙嵬，苏前富，2021. 吉林省灯下蛾类动态及图鉴［M］. 北京：
中国农业出版社.

［14］ 顾嗣亮，1987. 天目山古冰川问题［J］. 杭州大学学报，8（2）：200-208.

［15］ 广西壮族自治区植保总站，1994. 昆虫图鉴［M］. 南宁：广西科学技术出
版社.

［16］ 韩红香，薛大勇，2011. 中国动物志　昆虫纲　第五十四卷　鳞翅目　尺蛾
科　尺蛾亚科［M］. 北京：科学出版社.

［17］ 韩辉林，姚小华，2018. 江西官山国家级自然保护区习见夜蛾科图鉴［M］.
哈尔滨：黑龙江科学技术出版社.

［18］ 杭州气象志编纂委员会，1999. 杭州气象志［M］. 北京：中华书局.

［19］ 何继龙，1992. 中国优食蚜蝇属六新种记述［J］. 昆虫分类学报，14（4）：
297-306.

［20］ 湖南省林业厅，1992. 湖南森林昆虫图鉴［M］. 长沙：湖南科学技术出
版社.

［21］ 黄邦侃，2001. 福建昆虫志［M］. 福州：福建科学技术出版社.

［22］ 黄成林，1992. 天目山清凉峰自然保护区植物区系地理分析［J］. 浙江林学
院学报，9（3）：277-282.

［23］ 江洪，楼涛，赵明水，2016. 天目山植被：格局、过程和动态［M］. 上海：
上海交通大学出版社.

［24］ 李成德，2003. 森林昆虫学［M］. 北京：中国林业出版社.

［25］ 李春峰，勾建军，2019. 河北省灯诱检测昆虫［M］. 北京：中国农业科学
技术出版社.

［26］ 李凤荪，吴希澄，1935. 中国库雷蚊族已知种类名录［J］. 昆虫与植病，
3（5）：44-98.

［27］ 李后魂，尤平，王淑霞，2003. 中国斑水螟属系统分类研究及二新种记述
（鳞翅目，草螟科，水螟亚科）［J］. 动物分类学报，28（2）：295-301.

［28］ 李后魂，王淑霞，2009. 河北动物志　鳞翅目　小蛾类［M］. 北京：中国
农业科学技术出版社.

［29］ 李后魂，2012. 秦岭小蛾类（昆虫纲：鳞翅目）［M］. 北京：科学出版社.

［30］ 林曦碧，2020. 我国樟树害虫的4个新记录［J］. 种亚热带农业研究，16

（3）：210-215.

［31］刘广瑞，章有为，王瑞，1997. 中国北方常见金龟子彩色图鉴［M］. 北京：中国林业出版社.

［32］刘国卿，丁建华，中国蝎蝽总科（半翅目：异翅亚目）分类研究［J］. 中国昆虫学会成立60周年纪念大会暨学术讨论会论文集，2004：56-61.

［33］刘茂春，施德法，1991. 安吉龙王山天然森林植被的研究［J］. 浙江林学院学报，8（3）：355-365.

［34］刘茂春，1991. 西天目山森林植被的研究：南坡的森林植被分类［J］. 浙江林学院学报，8（1）：13-24.

［35］吕佩珂，段半锁，苏慧兰，等，2001. 中国花卉病虫原色图鉴［M］. 北京：蓝天出版社.

［36］吕佩珂，苏慧兰，吕超，2007. 中国粮食作物 经济作物 药用植物病虫原色图鉴（下册）［M］. 第3版. 呼和浩特：远方出版社.

［37］马丽滨，2022. 秦岭昆虫学野外实习指导［M］. 北京：高等教育出版社.

［38］马世骏. 1959. 中国昆虫生态地理概述［M］. 北京：科学出版社.

［39］桑广书，叶玮，吕惠进，等，2011. 试论浙江东部四明山、天台山、大盘山地区的地貌：对浙江"第四纪冰川遗迹"的讨论［J］. 浙江师范大学学报（自然科学版），34（2）：217-222.

［40］宋晨祖，胡佳耀，金晓燕，等，2003. 浙江西天目山圆胸隐翅虫研究［J］. 上海师范大学学报，32（1）：83-90.

［41］孙长海，2016. 天目山动物志（第五卷）［M］. 杭州：浙江大学出版社.

［42］谭娟杰，1980. 昆虫的地质历史［J］. 动物分类学报，5（1）：1-13.

［43］陶君容，1992. 中国第三纪植被和植物区系历史及分区［J］. 植物分类学报，30（1）：25-43.

［44］天目山自然保护区管理局，1991. 西天目山志［M］. 杭州：浙江人民出版社.

［45］天目山自然保护区管理局，1992. 天目山自然保护区自然资源综合考察报告［M］. 杭州：浙江科学技术出版社.

［46］天目山自然保护区管理局，1992. 天山自然保护区自然资源综合考察报告［M］. 杭州：浙江科学技术出版社.

［47］汪家社，宋士美，吴焰玉，等，2003. 武夷山自然保护区蛾蛾昆虫志［M］.

北京：中国科学技术出版社.

［48］王德恩，张元朔，高冉，等，2014.下扬子天目山盆地火山岩锆石LA-ICP-MS定年及地质意义［J］.资源调查与环境，35（3）：178-184.

［49］王恩，2015.杭州园林植物病虫害图鉴［M］.杭州：浙江科学技术出版社.

［50］王荷生，1992.植物区系地理［M］.北京：科学出版社.

［51］王启虞，1935.浙江省一年来治虫事业之回顾及今后之希望［J］.昆虫与植病，3（1）：2-7.

［52］王思明，周尧，1995.中国近代昆虫学史（1840—1949）［M］.西安：陕西科学技术出版社.

［53］王天齐，1993.中国螳螂目分类概要［M］.上海：上海科学技术文献出版社.

［54］王文采，1992.东亚植物区系的一些分布式样和迁移路线［J］.植物分类学报，30（1）：1-24.

［55］王心丽，2008.夜幕下的昆虫［M］.中国林业出版社.

［56］王旭，2014.中国蝉族系统分类研究（半翅目：蝉科）［D］.西安：西北农林科技大学.

［57］王洋，周顺，张雅林，2020.中国斧螳属修订（螳螂目：螳科）［J］.Entomotaxonomia，42（2）：81-100.

［58］王义平，2021.浙江清凉峰昆虫图鉴300种［M］.北京：中国农业科学技术出版社.

［59］王英鉴，2021.中国螳螂目分类研究［D］.贵阳：贵州大学.

［60］韦茂兔，沈福泉，2007.花木病虫害防治图册［M］.杭州：浙江科学技术出版社.

［61］巫秋善，1999.杉木云毛虫生物学特性及防治［J］.华东昆虫学报，8（2）：57-60.

［62］吴鸿，方志刚，1995.浙江古田山昆虫区系研究［J］.浙江林学院学报，12（1）：63-72.

［63］吴鸿，吕建忠，2009.浙江天目山昆虫实习手册［M］.北京：中国林业出版社.

［64］吴鸿，潘承文，2001.天目山昆虫［M］.北京：科学出版社.

［65］吴鸿，俞平，1991.西天目山昆虫区系初探［J］.浙江林学院学报，8（1）：

71-77.

[66] 吴鸿，1995. 华东百山祖昆虫［M］. 北京：中国林业出版社.

[67] 吴鸿，1998. 龙王山昆虫［M］. 北京：中国林业出版社.

[68] 吴征镒，1979. 论中国植物区系的分区问题［J］. 云南植物研究，1（1）：1-22.

[69] 武春生，方承莱，2003. 中国动物志　昆虫纲　第三十一卷　鳞翅目　舟蛾科［M］. 北京：科学出版社.

[70] 武春生，刘友樵，2006. 中国动物志　昆虫纲　第四十七卷　鳞翅目　枯叶蛾科［M］. 北京：科学出版社.

[71] 武春生，孟宪林，王薱，等，2007. 中国蝶类识别手册［M］. 北京：科学出版社.

[72] 奚兴符，吴海权，2016. 安徽清凉峰：浙江天目山地区晚中生代火山岩地球化学特征及成因探讨［J］. 宿州学院学报，36（6）：119-127.

[73] 萧刚柔，1992. 中国森林昆虫［M］. 北京：中国林业出版社.

[74] 徐公天，杨志华，2007. 中国园林害虫［M］. 北京：中国林业出版社.

[75] 徐天森，王浩杰，2004. 中国竹子主要害虫［M］. 北京：中国林业出版社.

[76] 徐志华，2006. 园林花卉病虫生态图鉴［M］. 北京：中国林业出版社.

[77] 薛大勇，朱弘复，1999. 中国动物志　昆虫纲　第十五卷　鳞翅目　尺蛾科花尺蛾亚科［M］. 北京：科学出版社.

[78] 杨定，吴鸿，张俊华，等，2016. 天目山动物志（第八卷）［M］. 杭州：浙江大学出版社.

[79] 杨定，吴鸿，张俊华，等. 2016. 天目山动物志（第九卷）［M］. 杭州：浙江大学出版社.

[80] 杨集昆，李法圣，1980. 黑尾大叶蝉考订：凹大叶蝉属二十二新种记述（同翅目：大叶蝉科）［J］. 昆虫分类学报，2（3）：191-209.

[81] 杨茂发，金道超，2005. 贵州大沙河昆虫［M］. 贵阳：贵州人民出版社.

[82] 杨星科，1997. 长江三峡库区昆虫［M］. 重庆：重庆出版社.

[83] 杨星科，2018. 天目山动物志：第六卷［M］. 杭州：浙江大学出版社.

[84] 杨星科，2018. 天目山动物志：第七卷［M］. 杭州：浙江大学出版社.

[85] 杨子琦，曹华国，2002. 园林植物病虫害防治图鉴［M］. 北京：中国林业

出版社.

［86］叶仲节，何黎明，蒋秋怡，等，1990.西天目山自然保护区森林土壤发生学特性的研究［J］.浙江林学院学报，7（3）：215–220.

［87］尹文英，周文豹，石福明，2014.天目山动物志（第三卷）［M］.杭州：浙江大学出版社.

［88］应俊生，志松.1984.中国植物区系中的特有现象：特有属的研究［J］.植物分类学报，22（4）：259–268.

［89］应俊生，1994.秦岭植物区系性质、特点和起源［J］.植物分类学报，32（5）：389–410.

［90］张洪喜，吉志新，白海晓，等，2008.鳞翅目昆虫成虫翅斑多样型的新发现：变色夜蛾（*Enmonodia vespertilio* Fabricius）形态特征及生物学特性［J］.河北科技师范学院学报，22（4）：50–55

［91］张建芳，朱朝晖，汪建国，等，2018.浙西北天目山盆地火山岩成因：锆石U–Pb年代学、地球化学和Sr–Nd同位素证据［J］.大地构造与成矿学，42（5）：918–929

［92］张巨伯，1934.昆虫学之研究与生产建设［J］.昆虫与植病，2（25–26）：490–499.

［93］张巨伯，1934.浙江省病虫害之严重与省昆虫局之工作［J］.昆虫与植病，2（13）：242–246.

［94］张雅林，2017.天目山动物志（第四卷）［M］.杭州：浙江大学出版社.

［95］张愈，马春梅，赵宁，等，2015.浙江天目山千亩田泥炭晚全新世以来Rb/Sr记录的干湿变化［J］.地层学杂志，39（1）：97–107.

［96］赵梅君，王甬胤，胡佳耀，等，2006.黄尖襟粉蝶的生物学特性［J］.昆虫知识，43（4）：476–478.

［97］福建省科学技术委员会，1993.武夷山自然保护区科学考察报告集［M］.福州：福建科学技术出版社.

［98］赵仲苓.中国动物志　昆虫纲　第三十卷　鳞翅目　毒蛾科［M］.北京：科学出版社，2003.

［99］浙江昆虫局，1934.浙江昆虫局十年大事记［J］.昆虫与植病，2（18）：310–349.

［100］ 浙江通志编纂委员会，2017. 浙江通志：天目山专志［M］. 杭州：浙江人民出版社.

［101］ 郑朝宗，1986. 浙江西天目山种子植物区系初步分析［J］. 杭州大学学报（自然科学版），13（增刊）：11-17.

［102］ 中国科学院动物研究所，1982. 中国蛾类图鉴 I［M］. 北京：科学出版社.

［103］ 中国科学院中国动物志编辑委员会，1997. 中国动物志［M］. 北京：科学出版社.

［104］ 重修西天目山志编纂委员会，2009. 西天目山志（重修）［M］. 北京：方志出版社.

［105］ 华南农学院植保系昆虫教研组，1958. 普通昆虫学［M］. 北京：高等教育出版社.

［106］ 朱弘复，王林瑶，1991. 中国动物志　昆虫纲　第三卷　鳞翅目　圆钩蛾科　钩蛾科［M］. 北京：科学出版社.

［107］ 朱弘复，王林瑶，1996. 中国动物志　昆虫纲　第五卷　鳞翅目　蚕蛾科　大蚕蛾科　网蛾科［M］. 北京：科学出版社.

［108］ 朱弘复，王琳瑶，1997. 中国动物志　昆虫纲　第十一卷　鳞翅目　天蛾科［M］. 北京：科学出版社.

［109］ 邹树文，1981. 中国昆虫学史［M］. 北京：科学出版社.

附录 I
天目山常见灯下昆虫名录

一、蜉蝣目 Ephemeroptera

　　（一）等蜉科 Isonychiidae

　　　　1. 江西等蜉 *Isonychia kiangsinensis* Hsu

二、蜻蜓目 Odonata

　　（二）蜻科 Libellulidae

　　　　2. 黄蜻 *Pantala flavescens* Fabricius

　　　　3. 竖眉赤蜻 *Sympetrum eroticum ardens* Maclachlan

三、蜚蠊目 Blattaria

　　（三）姬蠊科 Blattelllidae

　　　　4. 小蠊 *Blattella* sp.

四、螳螂目 Mantodea

　　（四）螳科 Mantidae

　　　　5. 中华大刀螳 *Tenodera Sinensis* Saussure

　　　　6. 勇斧螳 *Hierodula membranacea* Burmeiste

　　（五）花螳科 Hymenopodidae

　　　　7. 中华原螳 *Anaxarcha sinensis* Beie

　　　　8. 日本姬螳 *Acromantis japonica* Westwood

　　（六）长颈螳科 Vatidae

　　　　9. 中华屏顶螳 *Phyllothelys sinensis* Ouchi

五、直翅目 Orthoptera

（七）蝼蛄科 Gryllotalpidae

　　10. 东方蝼蛄 *Gryllotalpa orientalis* Burmeister

（八）螽斯科 Tettigoniidae

　　11. 黑胫钩额草螽 *Ruspolia lineosa* Walker

　　12. 日本纺织娘 *Mecopoda niponensis* Haan

　　13. 中华半掩耳螽 *Hemielimaea chinensis* Brunner von Wattenwyl

　　14. 细齿平背螽 *Isopsera denticulata* Ebner

六、半翅目 Hemiptera

（九）蝉科 Cicadidae

　　15. 斑透翅蝉 *Oncotympana maculaticollis* Motschulsky

　　16. 黑蚱蝉 *Cryptotytmpana atrata* Fabricius

　　17. 蟪蛄 *PLatypleura kaempteri* Fabricius

　　18. 琉璃草蝉 *Mogannia cyanea* Walker

（十）蛾蜡蝉科 Flatidae

　　19. 碧蛾蜡蝉 *Geisha distinctissima* Walker

（十一）沫蝉科 Cercopidae

　　20. 黑斑丽沫蝉 *Cosmoscarta dorsimacula* Walker

（十二）叶蝉科 Cicadellidae

　　21. 华凹大叶蝉 *Bothrogonia sinica* Yang *et* Li

　　22. 橙带突额叶蝉 *Gunungidia aurantifasciata* Jacobi

（十三）兜蝽科 Dinidoridae

　　23. 九香虫 *Aspongopus chinensis* Dallas

（十四）红蝽科 Pyrrhocoridae

　　24. 小斑红蝽 *Physopelta cincticollis* Stal

（十五）蝎蝽科 Nepidae

　　25. 日壮蝎蝽 *Laccotrephes japonensis* Scott

（十六）负蝽科 Belostomatidae

　　26. 印鳖负蝽 *Lethocerus indicus* Lepeletier *et* Servile

七、广翅目 Megaloptera

（十七）齿蛉科 Corysalidae

27. 东方齿蛉 *Neoneuromus orientalis* Liu *et* Yang

28. 花边星齿蛉 *Protohermes costalis* Walker

29. 古田星齿蛉 *Protohermes gutianensis* Yang *et* Yang

30. 中华斑鱼蛉 *Neochauliodes sinensis* Walker

八、蛇蛉目 Rhaphidioptera

（十八）盲蛇蛉科 Inocellidae

31. 中华盲蛇蛉 *Inocella sinensis* Navsas

九、脉翅目 Neuroptera

（十九）蚁蛉科 Myrmeleontiidae

32. 白云蚁蛉 *Glenuroides japonicus* Maclachlan

（二十）草蛉科 Chrysopbidae

33. 松氏通草蛉 *Chrysoperla savioi* Navas

（二十一）蝶角蛉科 Ascalaphidae

34. 黄斑蝶角蛉 *Suphalomitus lutemaculatus* Yang

十、鞘翅目 Coleoptera

（二十二）步甲科 Carabidae

35. 拉步甲 *Carabus lafossei* Feisthamel

36. 硕步甲 *Carabus davidis* Deyrolle *et* Fairmaire

37. 日本细胫步甲 *Asonum japonicum* Motschulsky

38. 小丽步甲 *Calleida onoha* Bates

（二十三）虎甲科 Cicindelidae

39. 中华虎甲 *Cicindela chinensis* De Geer

40. 离斑虎甲 *Cicindela separata* Fleutiaux

（二十四）埋葬甲科 Silphidae

41. 尼负葬甲 *Nicrophorus nepalensis* Hope

42. 滨尸葬甲 *Necrodes littoralis* Linnaeus

43. 红胸丽葬甲 *Necrophila*（*Calosilpha*）*brunnicollis* Kraatz

（二十五）叩甲科 Elateridae

    44. 丽叩甲 *Campsosternus auratus* Drury

    45. 眼纹斑叩甲 *Cryptalaus larvatus* Candeze

    46. 斑鞘灿叩甲 *Actenicerus maculipennis* Schwarz

    47. 木棉梳角叩甲 *Pectocera fortunei* Candeze

（二十六）三锥象科 Brentidae

    48. 宽喙锥象 *Baryrhynchus poweri* Roelofs

（二十七）芫菁科 Meloidae

    49. 毛角豆芫菁 *Epicauta hirticornis* Haag−Rutenberg

（二十八）象甲科 Curculionidae

    50. 松瘤象甲 *Sipalinus gigas* Fabricius

（二十九）锹甲科 Lucanidae

    51. 亮颈盾锹甲 *Aegus laevicollis laevicollis* Saunders

    52. 凹齿刀锹甲 *Dorcus davidi* Seguyi

    53. 大刀锹甲 *Dorcus hopei* Saunders

    54. 红腿刀锹甲原名亚种 *Dorcus rubrofemoratus rubrofemoratus* Vollenhoven

    55. 平齿刀锹甲 *Dorcus uruslae* Schenk

    56. 福运锹甲 *Lucanus fortunei* Saunders

    57. 黄斑锹甲 *Lucanus parryi* Boileau

    58. 亮光新锹甲 *Neolucanus nitidus* Saunders

    59. 华新锹甲 *Neolucanus sinicus* Saunders

    60. 简颚锹甲 *Nigidionus parryi* Bates

    61. 中华奥锹甲 *Odontolabis sinensis* Westwood

    62. 褐黄前锹甲 *Prosopocoilus blanchardi* Parry

    63. 狭长前锹甲 *Prosopocoilus gracilis* Saunders

    64. 中华拟鹿角锹甲 *Pseudorhaetus sinicus* Boileau

    65. 泰坦扁锹甲华南亚种 *Serrograthus titanus platymelus* Saunders

臂金龟科 Euchiridae

    66. 阳彩臂金龟 *Cheirotonus jansoni* Jordan

（三十）犀金龟科 Dynastidae

    67. 双叉犀金龟指名亚种 *Allomyrina dichotoma dichotoma* Linnaeus

    68. 蒙瘤犀金龟 *Trichogomphus mongol* Arrow

（三十一）天牛科 Cerambycidae

    69. 苜蓿多节天牛 *Agapanthia amurensis* Kraatz

    70. 桔褐天牛 *Nadezhdiella camtori* Hope

    71. 眼斑齿胫天牛 *Paraleprodera diophthalma* Pascoe

    72. 苎麻双脊天牛 *Paraglenea fortunei* Saundeas

    73. 棟星天牛 *Anoplophora horsfieldi* Hope

    74. 中华星星天牛 *Anoplophora chinensis* Forster

    75. 樱红肿角天牛 *Neocerambyx oenochrous* Fairmaire

    76. 粒肩天牛（桑天牛）*Apriona germari* Hope

    77. 松墨天牛 *Monochamus alternatus* Hope

    78. 桃红颈天牛 *Aromia bungii* Faldermann

    79. 中华薄翅天牛 *Megopis sinica* White

    80. 云斑白条天牛 *Batocera lineolate* Chevrolat

    81. 双带粒翅天牛 *Lamiomimus gottschei* Kolbe

    82. 密点异花天牛 *Parastrangalia crebrepunctata* Gressitt

    83. 刺角天牛 *Trirachys orientalis* Hope

    84. 黄星天牛 *Psacothea hilaris hilaris* Pascoe

（三十二）鳃金龟科 Melolonthidae

    85. 大云鳃金龟 *Polyphylla laticollis* Lewis

    86. 暗黑鳃金龟 *Holotrichia parallela* Motschulsky

    87. 小黄鳃金龟 *Pseudosymmachia flavescens* Brenske

    88. 影等鳃金龟 *Exolontha umbraculata* Burmeister

（三十三）丽金龟科 Rutelidae

    89. 绿脊异丽金龟 *Anomala aulax* Wiedemann

    90. 铜绿异丽金龟 *Anomala corpulenta* Motschulsky

    91. 毛边异丽金龟 *Anomala coxalis* Bates

    92. 大绿异丽金龟 *Anomala virens* Lin

93. 脊纹异丽金龟 *Anomala viridicostata* Nonfried

94. 中华彩丽金龟 *Mimela chinensis* Kirby

95. 弯股彩丽金龟 *Mimela escisipes* Reitter

96. 浙草彩丽金龟 *Mimrls passerinii tienmusana* Lin

97. 曲带弧丽金龟 *Popillia pustulata* Fairmaire

98. 棉花弧丽金龟 *Popillia mutans* Newman

99. 蓝边矛丽金龟 *Callistethus plagiicollis* Fairmaire

（三十四）花金龟科 Cetoniidae

100. 宽带鹿角花金龟 *Dicranocephalus adamsi* Pascoe

101. 黄粉鹿角花金龟 *Dicronocephalus wallichii* Keychain

102. 丽罗花金龟 *Rhomborrhina unicolor* Motschulsky

103. 白星花金龟 *Protaetia brevitarsis* Lewis

104. 榄纹花金龟指名亚种 *Diphyilomorpha olivacea olivacea* Janson

105. 褐鳞花金龟 *Cosmiomorpha modesta* Saunders

（三十五）粪金龟科 Geotrupidae

106. 华武粪金龟 *Bnoplotrupes sinensis* Lucas

十一、长翅目 Mecoptera

（三十六）蝎蛉科 Panorpidae

107. 蝎蛉 *Panorpa* sp.

十二、双翅目 Diptera

（三十七）食虫虻科 Asilidae

108. 虎斑食虫虻 *Astochia virgatipes* Goguilicet

十三、鳞翅目 Lepidoptera

（三十八）尺蛾科 Geometridae

109. 玻璃尺蛾 *Krananda semihyalina* Moore

110. 大造桥虫 *Ascotis selenaria* Denis *et* Schiffermuller

111. 钩翅尺蛾 *Hyposidra aquilaria* Walker

112. 辉尺蛾 *Luxiaria mitorrhaphes* Prout

113. 金星垂耳尺蛾 *Pachyodes amplificata* Walker

114. 镰翅绿尺蛾 *Tanaorhinus* sp.

115. 拟柿星尺蛾 *Percnia albinigrata* Warren

116. 三岔绿尺蛾 *Mixochlora vittate* Moore

117. 丝棉木金星尺蛾 *Abraxas suspecta* Warren

118. 小缺口青尺蛾 *Timandromorpha enervata* Inoue

119. 茶担冥尺蛾 *Heterarmia diorthogonia* Wehril

120. 红带粉尺蛾 *Pingasa rufofasciata* Moore

121. 灰绿片尺蛾 *Fascellina plagiata* Walker

122. 三角璃尺蛾 *Krananda latimarginaria* Leech

123. 鹰三角尺蛾 *Zanclopera falcata* Warren

124. 赭尾尺蛾 *Ourapteryx aristidaria* Oberthür

125. 乌苏里青尺蛾 *Geometra ussuriensis* Saube

126. 聚线皎尺蛾 *Myrteta sericea* Butle

127. 猫眼尺蛾 *Problepsis superans* Butler

128. 中国枯叶尺蛾 *Gandaritis sinicaria* Leech

129. 对白尺蛾 *Asthena undulata* Wileman

130. 斧木纹尺蛾 *Plagodis dolabraria* Linnaeus

131. 灰沙黄蝶尺蛾 *Thinopteryx delectans* Butler

132. 黑玉臂尺蛾 *Xandrames dholaria* Moore

133. 槐尺蛾 *Semiothisa cinerearia* Bremer *et* Grey

134. 桑尺蛾 *Phthonandria atrilineata* Butler

135. 紫片尺蛾 *Fascellina chromataria* Walker

136. 中国后星尺蛾 *Metabraxas clerica inconfusa* Warren

137. 中国虎尺蛾 *Xanthabraxas hemionata* Güenee

138. 雪尾尺蛾 *Ourapteryx nivea* Butler

（三十九）夜蛾科 Noctuidae

139. 丹日明夜蛾 *Sphragifera sigillata* Menetries

140. 胡桃豹夜蛾 *Sinna extrema* Walker

141. 蓝条夜蛾 *Ischyja manlia* Gramer

142. 肾巾夜蛾 *Bastilla praetermissa* Warren

143. 枯叶夜蛾 *Adris tyrannus* Guenee

144. 木叶夜蛾 *Xylophylla punctifascia* Leech

145. 目夜蛾 *Erebus crepuscularis* Linnaeus

146. 旋目夜蛾 *Spirama retorta* Linnaeus

147. 钩白肾夜蛾 *Bdessena hamada* Felder *et* Rogenhofer

148. 旋皮夜蛾 *Eligma narcissus* Cramer

149. 巨仿桥夜蛾 *Anomis leucolopha* Prout

150. 间赭夜蛾 *Carea internifusca* Hampson

151. 日月明夜蛾 *Sphragifera biplagiata* Walker

152. 显髯须夜蛾 *Hypena perspicua* Leech

153. 翎壶夜蛾 *Calyptra gruesa* Draudt

154. 太平粉翠夜蛾 *Hylophilodes tsukusensis* Nagano

155. 掌夜蛾 *Tiracola plagiata* Walker

156. 白斑陌夜蛾 *Trachea auriplena* Walker

157. 白点朋闪夜蛾 *Hypersypnoides astrigera* Butler

158. 白光裳夜蛾 *Catocala nivea nivea* Butler

159. 白线筐夜蛾 *Episparis liturata* Fabricius

160. 变色夜蛾 *Hypopyra vespertilio* Fabricuis

161. 大斑薄夜蛾 *Mecodina subcostalis* Walker

162. 赘夜蛾 *Ophisma gravata* Guenée

163. 霉巾夜蛾 *Bastilla maturate* Walker

164. 苹梢鹰夜蛾 *Hypocala subsatura* Guenée

165. 漆尾夜蛾 *Eutelia geyer* Felder *et* Rogenhofer

166. 小地老虎 *Agrotis ipsilon* Guenée

167. 斜纹夜蛾 *Spodoptera litura* Fabricius

168. 苎麻夜蛾 *Arcte coerula* Guenée

（四十）天蛾科 Sphingidae

169. 豆天蛾 *Clanis bilineata* Mell

170. 红天蛾 *Deilephila elpenor* Linnaeus

171. 芋双线天蛾 *Theretra oldenlandiae* Fabricius

172. 栗六点天蛾 *Marumba sperchius* Menentries

173. 平背线天蛾 *Cechetra minor* Butler

174. 鹰翅天蛾 *Oxyambulyx ochracea* Butler

175. 黑角六点天蛾 *Marumba saishiuana* Okamoto

176. 大星天蛾 *Dolbina inexacta* Walker

177. 大背天蛾 *Meganoton analis* Felder

178. 蒙古白肩天蛾 *Rhagastis mongoliana* Butler

179. 紫光盾天蛾 *Phyllosphingia dissimilis sinensis* Jordan

180. 鬼脸天蛾 *Acherontia Lachesis* Fabricius

181. 构月天蛾 *Parum colligate* Walker

182. 芝麻鬼脸天蛾 *Acherontia styx* Westwood

183. 葡萄天蛾 *Ampelophaga rubiginosa rubiginosa* Bremer *et* Grey

184. 雀纹天蛾 *Theretra japonica* Orza

185. 条背线天蛾 Cechetra lineosa Walker

（四十一）箩纹蛾科 Brahmaeidae

186. 青球箩纹蛾 *Brahmaea hearseyi* White

（四十二）大蚕蛾科 Saturniidae

187. 角斑樗蚕蛾 *Philosamia cynthia watsoni* Oberthur

188. 长尾大蚕蛾 *Actias dubernardi* Oberthir

189. 绿尾大蚕蛾 *Actias seleue ningpoana* Felder

190. 华尾大蚕蛾 *Actias sinensis* Walker

191. 粤豹天蚕蛾 *Loepa kuangdongensis* Mell

192. 银杏大蚕蛾 *Caligula japonica* Butler

（四十三）灯蛾科 Arctiidae

193. 大丽灯蛾 *Aglaomorpha histrio* Walke

194. 人纹污灯蛾 *Spilarctia subcarnea* Walker

195. 八点灰灯蛾 *Creatonotos transiens* Walker

196. 粉蝶灯蛾 *Nyctemera adversata* Schaller

197. 红星雪灯蛾 *Spilosoma punctaria* Stoll

198. 红点浑黄灯蛾 *Rhyparioides subvaria* Walker

199. 漆黑望灯蛾 *Lemyra infernalis* Butler

200. 优雪苔蛾 *Cyana hamata* Walker

201. 东方美苔蛾 *Miltochrista orientalis* Daniel

202. 乌闪网苔蛾 *Paraona staudingeri* Alpheraky

203. 异美苔蛾 *Aberrasine aberrans* Butler

204. 圆斑苏苔蛾 *Thysanoptyx signata* Walker

205. 之美苔蛾 *Miltochrista ziczac* Walker

（四十四）刺蛾科 Limacodidae

206. 黄缘绿刺蛾 *Parasa tessellate* Walker

207. 梨娜刺蛾 *Narosoideus flavidorsalis* Staudinger

208. 黄刺蛾 *Cnidocampa flavescens* Walker

209. 中国绿刺蛾 *Parasa sinica* Moore

（四十五）螟蛾科 Pyralididae

210. 饰光水螟 *Luma ornatalis* Leech

211. 黄黑纹野螟 *Tyspanodes hypsalis* Warren

212. 黄杨绢野螟 *Diaphania perspectalis* Walker

213. 豆荚野螟 *Maruca testulalis* Geyer

214. 丽斑水螟 *Eoophyla peribocalis* walker

215. 白斑翅野螟 *Bocchoris inspersalis* Zeller

216. 斑点须野螟 *Analthes maculalis* Leech

217. 火红奇异野螟 *Aethaloessa calidalis* Guenée

218. 金双点螟 *Orybina flaviplaga* Walker

219. 白桦角须野螟 *Agrotera nemoralis* Scopoli

220. 豹纹卷野螟 *Pycnarmon pantherata* Butler

221. 黄尾巢螟 *Hypsopygia postflava* Hampson

222. 大黄缀叶野螟 *Botyodes principalis* Leech

223. 黄纹银草螟 *Pseudargyria interruptella* Walker

224. 稻纵卷叶野螟 *Cnaphalocrocis medinalis* Guenée

225. 竹黄腹大草螟 *Eschata miranda* Bleszynski

226. 华南波水螟 *Paracymoriza laminalis* Hampson

227. 葡萄切叶野螟 *Herpetogramma luctuosalis* Guenée

228. 四斑绢丝野螟 *Glyphodes quadrimaculalis* Leech

229. 伊锥歧角螟 *Cotachena histricalis* Walker

（四十六）鹿蛾科 Ctenuchidae

230. 广鹿蛾 *Amata emma* Butler

231. 蕾鹿蛾 *Amata germana* Felder

（四十七）毒蛾科 Lymantriidae

232. 杧果毒蛾 *Lgmantria marginata* Walker

233. 茶点足毒蛾 *Redoa phaeocraspeda* Collenette

234. 白斜带毒蛾 *Numenes albofascia* Leech

235. 乌桕黄毒蛾 *Arna bipunctapex* Hampson

236. 白毒蛾 *Arctornis Inigrum* Muller

237. 肾毒蛾 *Cifuna locuples* Walker

（四十八）钩蛾科 Drepanidae

238. 中华大窗钩蛾 *Macrauzata maxima chinensis* Inoue

239. 小豆斑钩蛾 *Auzata minuta spiculata* Watson

240. 洋麻圆钩蛾 *Cyclidia substigmaria* Hübner

241. 哑铃带钩蛾 *Macrocilix mysticata* Malker

242. 倍线钩蛾 *Nordstromia duplicate* Warren

243. 宏山钩蛾 *Oreta hoenei* Waston

244. 方点丽钩蛾 *Callidrepana forcipulata* Watson

245. 华夏山钩蛾 *Oreta pavaca sinensis* Watson

246. 三线钩蛾 *Pseudalbara parvula* Leech

247. 接骨木钩蛾 *Oreta loochooana* Swinhoe

（四十九）网蛾科

248. 红斜线网蛾 *Striglina roseus* Gaede

（五十）舟蛾科 Notodontidae

249. 栎掌舟蛾 *Phalera assimilis* Bremer *et* Grey

250. 黑蕊舟蛾 *Dudusa sphingiformis* Moore

251. 白邻二尾舟蛾 *Cerura tattakana* Matsumura

252. 核桃美舟蛾 *Uropyia meticulodina* Oberthir

253. 槐羽舟蛾 *Pterostoma sinicu* Moore

（五十一）枯叶蛾科 Lasiocampidae

254. 思茅松毛虫 *Dendrolimus kikuchii* Matsumura

255. 竹纹枯叶蛾 *Euthrix laeta* Walker

十四、膜翅目 Hymenoptera

（五十二）蜜蜂科 Apidae

256. 东方蜜蜂 *Apis cerana* Fabricins

（五十三）三节叶蜂科 Argidae

257. 三节叶蜂 *Arge* sp.

附录 II

天目山国家重点保护昆虫名录

一、鞘翅目 Coleoptera

    1. 步甲科 Carabidae

        拉步甲（*Carabus lafossei* Feisthamel）（二级）

        硕步甲（*Carabus davidi*）（二级）

    2. 臂金龟科 Euchiridae

        阳彩臂金龟（*Cheirotonus jansoni* Jordan）（二级）

二、鳞翅目 Lepidoptera

    1. 凤蝶科 Papilionidae

        中华虎凤蝶（*Luehdorfia chinensis* Leech）（二级）

        金裳凤蝶（*Troides aeacus* Felder *et* Felder）（二级）

    2. 蛱蝶科 Nymphalidae

        黑紫蛱蝶（*Sasakia funebris* Leech）（二级）

三、蜻蜓目 Odonata

    春蜓科 Gomphidae

    扭尾曦春蜓（*Heliogomphus retroflexus*）（Ris）（二级）

附录 Ⅲ

浙江天目山国家级自然保护区
教学实习活动管理办法

（试行）

天管〔2022〕9 号

为规范浙江天目山国家级自然保护区（以下简称"天目山保护区"）教学实习活动的管理，根据法律法规及相关规定，制定本办法。

第一条　因教学实习的目的，需要进入天目山保护区实验区从事非破坏性的教学实习、标本采集活动的，按本办法管理。

第二条　天目山管理局科研科负责教学实习活动的协调和管理，天目山管理局保护科协同日常监督管理。

第三条　野外教学实习活动限制在实验区内。具体范围为：横坞—太子庵—红庙一线以南；西关高桥坞—大镜坞公路以南；天目大峡谷景区区域；开山老殿景区游步道沿线（两侧不超过 1 m）。

第四条　教学实习单位须事先通过线上或线下的方式向天目山管理局科研科提交单位介绍信函、书面申请表、活动计划等。

第五条　经分管领导签署意见批准后，教学实习单位须到天目山管理局科研科登记，明确活动注意事项和安全防护要求，领取实习证；并安排全体人员参加由管理局组织的活动前专题培训。

第六条　教学实习活动中，教学实习单位要严格遵守国家法律法规和保护区相关规定，不得从事与教学实习无关的活动，严禁野外用火，严禁乱搭乱建设施，严禁破坏自然资源和生态环境，严格履行安全防护职责，保障教学实习活动人员人身安全，严格按照经批准的活动计划内容、范围进行，全程佩戴实习证，自觉服从天目山保护区管理人员的监督和管理。

第七条　需采集标本的，须申请办理采集证。教学实习单位应当在采集20日前提交采集方案（包括采集目的、种类、数量、地点、期限、用途和方法），提交备案表、有效身份证明，并提交下列相应材料：用于人工培育的，应当提交培植场所的设施、设备和技术条件等材料；用于科学研究和文化交流等用途的，应当提交相关部门的批准文件或者科学研究和文化交流项目立项、合作协议等材料；用于其他用途的，应当提供相应的证明材料。

第八条 教学实习采集标本的范围限定为实验区内。具体为：横坞—太子庵—红庙一线以南区域；西关高桥坞—大镜坞公路以南区域；天目大峡谷景区区域。

第九条 经批准后，教学实习单位必须在天目山管理局工作人员陪同下，严格按照采集证规定的种类、数量、地点、期限和方法采集。

第十条 教学实习单位不得改变采集证和法律法规规定的野生动植物用途。

第十一条 活动结束后1个月内，教学实习单位须向天目山管理局提交本次教学实习活动总结报告，内容主要包括教学实习成效及对保护区的建设性建议等。

第十二条 违反本办法规定的单位和组织，由天目山管理局对其批评教育并责令改正；经批评教育仍不改正的，列入黑名单，禁止其进入天目山保护区开展教学实习活动。

第十三条 本办法最终解释权归天目山管理局所有。

第十四条 本办法自发文公布后生效。